茶叶、中药材、热带作物
生产机械化技术装备
需求调查与分析

农业农村部农业机械化总站　组编

中国农业出版社
农村读物出版社
北　京

编写人员名单

主　　编　徐振兴

副 主 编　刘小伟　吴传云　冯　健　张树阁

参编人员（按姓氏笔画排序）

万颖文	马小龙	王文静	王东旭	王荣祥
车　宇	方　超	田　颖	冯　健	刘科
刘德普	孙丽娟	李丹阳	李进福	杨　瑶
吴　波	吴传云	余红斌	张林娜	张树阁
陈　召	陈兴和	罗国武	周丁丁	周永奎
赵　敏	胡东元	姜宜琛	柴小平	黄晓斌
曹发海	蒋玉萍	韩忠禄	舒子成	谢英杰
蔡　维	薛　平			

前　言

国务院《关于加快推进农业机械化和农机装备产业转型升级的指导意见》（国发〔2018〕42 号）对"棉油糖、果菜茶等大宗经济作物全程机械化生产发展"提出明确要求。《中共中央　国务院关于抓好"三农"领域重点工作确保如期实现全面小康的意见》《农业农村部关于落实党中央、国务院 2020 年农业农村重点工作部署的实施意见》《农业农村部关于落实好党中央、国务院 2021 年农业农村重点工作部署的实施意见》，农业农村部农业机械化管理司 2020 年和 2021 年的工作要点，以及农业农村部农业农村重点工作部署明确提出，聚焦特色农产品机械化薄弱环节以及丘陵山区等机械化薄弱区域，加大农业机械及技术装备推广应用力度，满足亿万农民对机械化生产的需求，助力乡村产业发展。2020 年，根据农业农村部农业机械化管理司工作安排，农业农村部农业机械化总站牵头组织开展茶叶、中药材、热带作物等经济作物生产机械化技术与装备需求调查（以下简称"需求调查"）。通过对主产省份规模种植农户和合作社开展需求调查，掌握了全国茶叶、中药材、热带作物主产省份生产机械化技术与装备发展现状与实际需求，撰写了需求调查与分析报告。在此基础上，农业农村部农业机械化总站组织编写了《茶叶、中药材、热带作物生产机械化技术装备需求调查与分析》一书，用以为各地农机部门摸清底数、了解需求、制定政策提供依据和参考，推动茶叶、中药材、热带作物生产机械化和产业发展。

全书分为"全国茶叶、中药材、热带作物生产机械化技术装备需求调查与分析"和"各地茶叶、中药材、热带作物生产机械化技术装备需求调查与分析"两个部分，从调查对象、调查内容、调查成果等方面，详细阐述了茶叶、中药材、热带作物等经济作物在全国和各主产省份的种植面积及分布情况、关键生产环节机械化水平和机具使用情况、关键生产环节机具需求情况和生产机械产品情况及研发方向。我们以凝练典型机械化技术装备需求、融合农机农艺要求、便于农机专业人员使用为出发点，精心编写各部分内容，力争做到通俗易懂。

在本书编写过程中，我们得到相关省、市、县各级农机推广部门和生产企业的大力支持和协助，在此表示衷心感谢！

由于专业知识水平与时间有限，书中难免存在疏漏与不当之处，有待于今后进一步丰富完善，也敬请广大读者和同行批评指正，并提出宝贵建议，以便我们及时修订。

编　者

2020 年 3 月

目　　录

前言

**第一部分　全国茶叶、中药材、热带作物生产机械化技术装备需求
　　　　　调查与分析** ·· 1

2020 年全国茶叶生产机械化技术装备需求调查与分析 ·············· 3
2020 年全国中药材生产机械化技术装备需求调查与分析 ·········· 26
2020 年全国热带作物生产机械化技术装备需求调查与分析 ········ 49

**第二部分　各地茶叶、中药材、热带作物生产机械化技术装备需求
　　　　　调查与分析** ·· 61

河北省中药材生产机械化技术装备需求调查与分析 ················ 63
山西省中药材生产机械化技术装备需求调查与分析 ················ 68
辽宁省中药材生产机械化技术装备需求调查与分析 ················ 74
吉林省中药材生产机械化技术装备需求调查与分析 ················ 79
江苏省茶叶生产机械化技术装备需求调查与分析 ·················· 85
浙江省茶叶、中药材生产机械化技术装备需求调查与分析 ·········· 93
安徽省茶叶生产机械化技术装备需求调查与分析 ················· 101
安徽省中药材生产机械化技术装备需求调查与分析 ··············· 110
福建省茶叶和热带、亚热带作物生产机械化技术装备需求调查与分析 ·· 118
江西省茶叶、中药材、热带作物生产机械化技术装备需求调查与分析 ····· 124
山东省茶叶、中药材生产机械化技术装备需求调查与分析 ········· 137
河南省茶叶、中药材生产机械化技术装备需求调查与分析 ········· 147
湖北省茶叶生产机械化技术装备需求调查与分析 ················· 154
湖北省中药材生产机械化技术装备需求调查与分析 ··············· 159
湖南省茶叶、中药材、热带作物生产机械化技术装备需求调查与分析 ··· 163
广东省茶叶、热带作物生产机械化技术装备需求调查与分析 ········· 174

广西壮族自治区茶叶、中药材、热带作物生产机械化技术装备

　　需求调查与分析 ……………………………………………… 182

海南省热带作物生产机械化技术装备需求调查与分析 ………… 192

重庆市茶叶生产机械化技术装备需求调查与分析 ……………… 199

四川省茶叶和热带作物生产机械化技术装备需求调查与分析 ………… 203

贵州省茶叶、中药材、热带作物生产机械化技术装备需求调查与分析 ……… 208

云南省茶叶、中药材、热带作物生产机械化技术装备需求调查与分析 ……… 215

陕西省茶叶、中药材生产机械化技术装备需求调查与分析 ………… 223

甘肃省茶叶、中药材生产机械化技术装备需求调查与分析 ………… 229

宁夏回族自治区中药材生产机械化技术装备需求调查与分析 ……… 242

第一部分

全国茶叶、中药材、热带作物生产机械化技术装备需求调查与分析

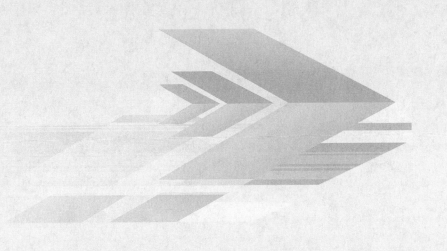

2020 年全国茶叶生产机械化技术装备
需求调查与分析

一、调查背景

此次调查在 2019 年全国茶叶生产机械化技术与装备需求调查工作的基础上，根据全国茶叶生产分布情况，在江苏、浙江、安徽、福建、江西、山东、河南、湖北、湖南、广东、广西、重庆、四川、贵州、云南、陕西、甘肃 17 个茶叶主产区省份，针对茶园宜机化改造、施肥、中耕、修剪、植保、采收等茶叶生产机械化关键环节，开展相关技术与装备现状和需求调查。调查机具类型重点为专用机具，与粮食作物机械化生产通用的机具不在需求调查范围内。

调查对象包括需求方和供给方。其中需求方为各省域范围内茶叶规模种植农户或合作社，重点调查现有种植规模，机械化生产规模，机具类型与数量，存在的问题与建议以及急需的机具类型、数量、基本性能要求、需求程度等。供给方为各省域范围内茶叶机械化机具生产企业、科研单位，重点调查各生产企业主要类型机具市场保有量、所依据标准和鉴定情况等。

各有关省级农机推广站安排专人组成调查工作组，设计细化调查表，统一调查方法和调查要求，组织指导各地市级和县级农机推广站开展调查工作。调查人员采取座谈会、实地走访、函询等方式，按照调查表的内容，对需求方和供给方开展调查。

二、调查成果

通过对各地上报的需求调查表进行汇总分析，形成全国需求目录，目录从种植面积、区域、数量、生产环节、机具性能、茶叶机具产品及研发等角度反映出以下几方面的需求情况。

（一）种植面积及区域分布情况

全国茶叶规模种植主要集中在 17 个省的 469 个县（市、区），面积共计

3 875.33万亩①。各省份茶叶种植面积及区域分布详见附表 1-1-1。茶叶种植面积方面，超过 200 万亩的省有 6 个，分别是云南、贵州、四川、湖北、浙江和安徽，其中云南、贵州、四川 3 省茶叶种植面积均超过了 500 万亩，如图 1-1-1。区域分布方面，规模种植县（市、区）数超过 30 个的省有 6 个，分别是湖北、贵州、湖南、江西、广西和四川，其中湖北和贵州规模种植县（市、区）数均超过了 60 个，如图 1-1-2。

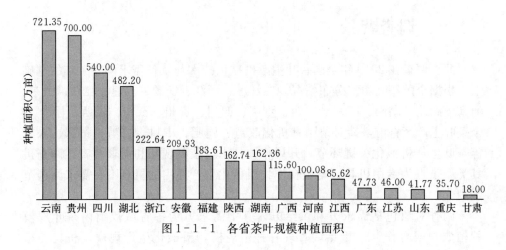

图 1-1-1　各省茶叶规模种植面积

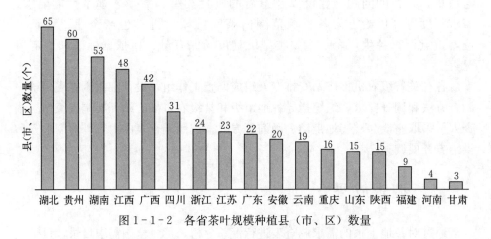

图 1-1-2　各省茶叶规模种植县（市、区）数量

（二）关键环节机械化水平、机具使用情况

本次调查，对茶叶生产机械化关键环节的现有机具情况、机械化水平进行

---

①亩为非法定计量单位，1 亩≈666.67 m²。1 公顷≈15 亩。——编者注

了确认，包括茶园宜机化改造、施肥、中耕、修剪、植保、采收等。调查发现，我国虽然是茶叶生产大国，但茶叶生产的各个环节中，除加工环节机械化程度较高，其他环节机械化作业水平还较低，很多地区仍以人工生产为主，较高的劳动力成本和较低的作业效率已严重制约我国茶产业的发展。我国茶叶生产机械化主要环节的机械化水平和现有机具情况调查结果详见附表 1-1-2、附表 1-1-3。

1. **宜机化改造**　近几年，随着茶叶生产成本提升，劳动力匮乏、老龄化严重等问题逐步突出，机械化管理装备和机制茶设备正逐步进入茶叶生产应用领域。为推动改善茶园农机通行和作业条件，提高农机适用性，扩展茶叶生产机械运用空间，茶叶主产区正在加快茶园宜机化改造，主要包括茶园垦殖和老茶园改造。本次调查，江苏、浙江、江西、山东、湖北、湖南、广东、广西、重庆、陕西 10 个茶叶主产省份的宜机化改造机械化水平为 11.24%，安徽、福建、河南、四川、贵州、云南和甘肃因宜机化改造面积较小，未在本次统计范围内。该环节机具以工程机械为主，现有机具数量 0.23 万台，主要包括平地机、挖掘机、碎石机、推土机、拖拉机等，具体占比如图 1-1-3。

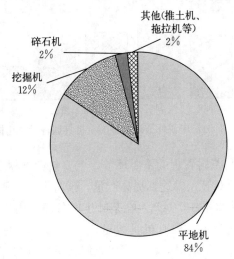

图 1-1-3　宜机化改造环节现有各类型机具占比情况

2. **施肥**　施肥是茶园耕作的重要环节，同时也是提高茶园土壤肥力的有效措施，目前茶园施肥大多与深松、除草等作业同步进行，采用开沟—施肥—覆土的作业方式。近年来，为提高水资源和肥料资源利用率，茶叶主产区各级农业部门正在进行水肥一体化技术示范推广，即通过灌溉与施肥有机结合，实现茶园水肥同步管理和高效利用。本次调查，施肥机械化水平 9.75%，其中山东、河南和陕西机械化水平均超过 50%。该环节机具以种植施肥机械和灌溉机械为主，种植施肥机械现有机具数量 1.27 万台，主要包括开沟施肥机、施肥机、手动撒肥机等。灌溉机械现有机具数量 0.89 万台，以水肥一体化设备为主。

3. 中耕 中耕也是茶园耕作的重要环节之一，主要包括中耕除草，作业同时配合开沟追肥等，以达到防除杂草、提高地温、促进茶芽萌发等目的。本次调查，中耕机械化水平 16.39%，其中山东和陕西机械化水平超过了60%。该环节机具以耕整地机械和中耕机械为主，现有机具数量 10.36 万台，耕整地机械主要包括微耕机、旋耕机、开沟机、深耕机、耕整机等，中耕机械主要包括除草机、中耕机、田园管理机、培土机等，如图 1-1-4。

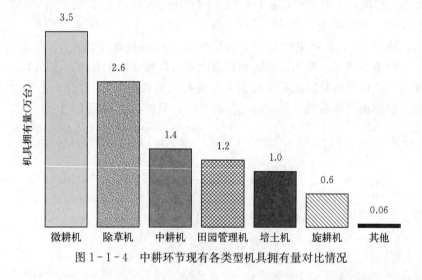

图 1-1-4 中耕环节现有各类型机具拥有量对比情况

4. 修剪 修剪是茶树管理的重要环节，主要包括茶树定型修剪、轻修剪、深修剪、重修剪、台刈等，以达到提高产量、预防虫害、便于采收等目的。本次调查，修剪机械化水平 40.34%，在茶叶生产各环节中机械化水平最高。该环节机具以修剪机械为主，现有机具数量 40.41 万台，主要包括茶叶修剪机（含单、双人修剪机）、割灌机等，其中单人修剪机数量约 19.60 万台。

5. 植保 茶园植保机械主要用于茶树生长管理和茶园病虫害防治。目前大多使用大田植保机械进行病虫害防治，其机型种类较多。近年来，随着食品安全认识水平的提高，茶园专用的物理防治技术也发展较快。本次调查，植保机械化水平 30.79%，其中江苏、山东和陕西机械化水平超过了60%。该环节机具以植保机械为主，现有机具数量 21.35 万台，主要包括背负式喷雾机、动力喷雾机（含担架式）、电动喷雾器、杀虫灯、喷杆喷雾机、植保无人机、手动喷雾机等，如图 1-1-5。

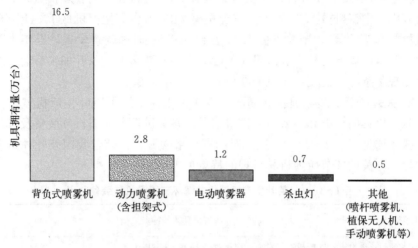

图 1-1-5　植保环节现有各类型机具拥有量对比情况

6. **采收**　茶叶采收环节主要包括大宗茶采摘和名优茶采摘，目前大宗茶的机械化采摘技术相对较成熟，有系列机型可用，很多机型已经市场化，但名优茶采摘实现机械化作业仍难度较大。本次调查，采收机械化水平 31.22%，其中贵州、湖北、四川、福建和浙江的机械化水平超过了 40%。该环节现有机具数量 14.90 万台，主要包括单人采茶机、双人采茶机等，其中单人采茶机数量约 7.73 万台。

7. **加工**　茶叶加工机械化主要指茶叶鲜叶的贮存与摊放、杀青、揉捻、干燥等工序的机械化，根据茶叶种类，其主要加工工艺有所差异。我国茶叶加工机械起源于 20 世纪 50 年代左右，随着科技的不断进步，茶叶加工机械也得到了迅速发展，目前我国大宗茶和部分名优茶的加工已基本实现机械化。本次调查发现，现有茶叶加工机械 49.59 万台（套），是茶叶生产各环节中机具保有量最多的。该环节主要机具包括扁形茶炒制机、茶叶揉捻机、茶叶杀青机、茶叶炒（烘）干机、茶叶理条机、茶叶色选机、茶叶提香机、茶叶包装机、名优茶专业加工设备等。

（三）关键环节机具需求情况

此次调查，茶叶机械化生产各个关键环节机具缺口都较大，并且需求紧迫。各地根据生产实际提出茶叶生产机械化急需机具约 46.88 万台（套），关键环节机具需求情况详见附表 1-1-3。

1. **关键环节所需机具缺口情况**　茶叶生产机械化关键环节中种植施肥、田间管理、采收环节机具缺口较大，用户急需，需要宜机化改造机械 0.65 万台、耕整地机械 2.92 万台、种植施肥机械 1.85 万台、田间管理机械 23.97 万台（其中，中耕机械 6.33 万台、修剪机械 7.23 万台、植保机械 10.41 万台）、采收机械 9.62 万台、排灌机械 1.49 万台（套）。通过调查发现，近年来随着国内茶叶生产规模的扩大和国民对茶叶需求的不断增加，茶叶加工行业不断发展，出现了茶叶运输及加工机械缺口 6.38 万台（套）。

    2. **关键环节所需机具装备情况** 本次调查，掌握了茶叶生产机械化关键环节急需机具的种类和主要性能需求情况，各关键环节所需机具装备及其基本性能描述详见附表 1-1-3。通过对调查结果的分析，结合我国茶叶种植和生产实际，各关键环节所需机具呈现的特点见表 1-1-1。

表 1-1-1 茶叶生产机械化关键环节所需机具装备特点

关键环节	所需机具装备特点
宜机化改造	平地机、挖掘机需求量大，作业效率 15 亩/小时以上
施肥	茶园专用开沟施肥机和水肥一体化设备。开沟施肥机能适宜山区作业，能施有机肥，作业效率 10 亩/小时以上
中耕	微耕机、中耕除草机，除草、开沟、施肥多功能一体机，性能好，板结严重的土质也能开沟
修剪	轻便、操作灵活、安全可靠。修边机作业效率 3 亩/小时以上，修剪效率≥1 000 米²/小时，双人 8~10 亩/天、单人 3 亩/天
植保	无人机作业要求续航能力强，承重量大，山地避障高度适应性能好。茶园喷雾机要求高效率、智能，适合梯田茶园
采收	名优茶采摘机，要求能保证茶叶品质；采摘大宗茶时，要求能快速采茶收集茶叶，提高效率。乘坐采茶机作业效率 4 亩/小时以上，双人 5~6 亩/天、单人 2 亩/天
加工	揉捻机、杀青机、扁形茶炒制机需求量大。功能方面要求精准温控，智能、节能、高效，保障茶叶品质

（四）茶叶生产机械产品情况及研发方向

    通过调查，茶叶主产区共有茶叶机械生产企业 90 余家，产品约 500 种，主要包括耕整地机械、采茶机械、修剪机械和加工机械，其中 450 余个产品已通过农业机械推广鉴定或农业机械专项鉴定，产品规格主要依据现行国标、企标或农业机械推广鉴定大纲。全国部分农机企业茶叶生产机械化产品情况详见附表 1-1-4。

    近年来，通过国内企业、科研单位的不懈努力，我国茶叶生产机械已基本解决"无机可用"，但"无好机用"的现象仍然存在。结合企业调查，我国茶机产品正在向以下三个方面发展：一是借鉴工业成熟的自动化、智能化技术，提升茶机智能化作业水平，研发自动化程度高、绿色节能的新型茶机产品；二是为适应我国茶园大多分布在丘陵山地的现状、满足当下茶叶生产机械化的需求，研发结构简单、易于推广的小型茶机产品，以加快丘陵山地农业机械化速度、提高我国丘陵山地茶叶生产机械化作业水平；三是为解决名优茶采摘技术，满足人们对优质茶叶的需求，加快采摘技术与装备发展，研发损伤较小的采摘器，提升采茶作业质量。

附表 1-1-1　各地茶叶规模种植情况

附表 1-1-2　各地茶叶生产机械化关键环节机械化水平情况

附表 1-1-3　全国茶叶机械化生产技术装备需求情况

附表 1-1-4　各地部分农机企业茶叶生产机械化产品情况

附表 1-1-1 各地茶叶规模种植情况

省（直辖市、自治区）	县（市、区）	县（市、区）数量（个）	种植面积（万亩）
江苏	吴中区、常熟市、丹徒区、丹阳市、溧阳市、溧水区、赣榆区、高淳区、海州区、金坛区、句容市、江宁区、六合区、浦口区、润州区、武进区、锡山区、盱眙县、新沂市、仪征市、宜兴市、张家港市、江北新区	23	46.00
浙江	余杭区、富阳区、桐庐县、淳安县、建德市、临安区、永嘉县、泰顺县、长兴县、安吉县、柯桥区、新昌县、诸暨市、嵊州市、武义县、磐安县、东阳市、开化县、天台县、缙云县、遂昌县、松阳县、景宁县、龙泉市	24	222.64
安徽	歙县、休宁县、祁门县、黄山区、徽州区、东至县、青阳县、贵池区、郎溪县、泾县、旌德县、宁国市、霍山县、金寨县、舒城县、金安区、裕安区、太湖县、桐城市、潜山市	20	209.93
福建	安溪县、大田县、福安市、武夷山市、寿宁县、永春县、漳平市、政和县、福鼎市	9	183.61
江西	于都县、宁都县、靖安县、铜鼓县、宜丰县、上高县、万载县、袁州区、贵溪市、余江区、资溪县、井冈山市、永丰县、吉水县、太和县、峡江县、新干县、婺源县、德兴市、广丰区、广信区、鄱阳县、铅山县、玉山县、上犹县、石城县、龙南市、全南县、湘东区、莲花县、芦溪县、金溪县、乐安县、南丰县、崇仁县、黎川县、渝水区、遂川县、浮梁县、昌江区、乐平市、瑞昌市、都昌县、修水县、南昌县、进贤县、安义县、湾里区	48	85.62
山东	长清区、海阳市、费县、莒南县、沂水县、泰山区、新泰市、乳山市、荣成市、东港区、五莲县、诸城市、临沭县、岚山区、岱岳区	15	41.77
河南	浉河区、商城县、固始县、桐柏县	4	100.08

（续）

省（直辖市、自治区）	县（市、区）	县（市、区）数量（个）	种植面积（万亩）
湖北	夷陵区、远安县、兴山县、秭归县、长阳县、五峰县、宜都市、当阳市、枝江市、团风县、红安县、罗田县、英山县、浠水县、蕲春县、黄梅县、麻城市、武穴市、黄陂区、新洲区、江夏区、阳新县、大冶市、茅箭区、张湾区、郧阳区、竹山县、竹溪县、房县、丹江口市、南漳县、谷城县、保康县、老河口市、枣阳市、宜城市、梁子湖区、东宝区、钟祥市、京山市、孝昌县、大悟县、安陆市、应城市、公安县、石首市、松滋市、咸安区、嘉鱼县、通城县、通山县、崇阳县、赤壁市、曾都区、随县、广水市、恩施市、利川市、建始县、巴东县、宣恩县、来凤县、咸丰县、鹤峰县、神农架林区	65	482.20
湖南	长沙县、株洲县、醴陵市、茶陵县、攸县、炎陵县、湘潭县、常宁市、衡山县、衡南县、耒阳市、祁东县、衡东县、衡阳县、洞口县、隆回县、新宁县、新邵县、邵东市、武冈市、邵阳县、绥宁县、城步县、赫山区、安化县、资阳区、桃江县、北湖区、苏仙区、桂阳县、宜章县、永兴县、嘉禾县、临武县、汝城县、桂东县、安仁县、资兴市、沅陵县、会同县、麻阳县、辰溪县、新化县、涟源市、双峰县、平江县、岳阳县、华容县、汨罗市、湘阴县、临湘市、君山区、屈原区	53	162.36
广东	英德市、清新区、连州市、连山壮族瑶族自治县、连南瑶族自治县、清城区、源城区、东源县、和平县、连平县、龙川县、紫金县、梅江区、梅县区、兴宁市、平远县、蕉岭县、大埔县、丰顺县、五华县、五桂山、饶平县	22	47.73
广西	横州市、宾阳县、武鸣区、马山县、青秀区、上林县、昭平县、富川县、钟山县、平桂区、八步区、金城江区、宜州区、环江县、罗城县、南丹县、大化县、东兰县、巴马县、都安县、天峨县、浦北县、灵山县、武宣县、金秀县、象州县、忻城县、凌云县、乐业县、隆林县、西林县、柳江区、三江县、融安县、融水县、桂平市、平南县、覃塘区、资源县、龙胜县、恭城县、灌阳县	42	115.60

（续）

省（直辖市、自治区）	县（市、区）	县（市、区）数量（个）	种植面积（万亩）
重庆	秀山县、酉阳县、武隆区、南川区、巴南区、綦江区、永川区、合川区、荣昌区、大足区、万州区、开州区、云阳县、巫山县、梁平区、涪陵区	16	35.70
四川	名山区、雨城区、宝兴县、芦山县、荥经县、蒲江县、邛崃市、洪雅县、夹江县、犍为县、沐川县、马边县、屏山县、高县、筠连县、翠屏区、珙县、叙州区、纳溪区、叙永县、荣县、万源市、宣汉县、通江县、南江县、平昌县、旺苍县、青川县、平武县、北川县、都江堰市	31	540.00
云南	沧源县、凤庆县、耿马县、临翔区、永德县、云县、镇康县、隆阳区、昌宁县、施甸县、龙陵县、腾冲市、广南县、马关县、华坪县、元阳县、绿春县、蒙自市、双江拉祜族佤族布朗族傣族自治县	19	721.35
贵州	开阳县、花溪区、清镇市、绥阳县、道真县等	60	700.00
陕西	汉台区、南郑区、城固县、西乡县、略阳县、镇巴县、汉滨区、紫阳县、平利县、白河县、岚皋县、汉阴县、石泉县、商南县、山阳县	15	162.74
甘肃	康县、武都区、文县	3	18.00
合　计		469	3 875.33

注：附表1-1-1至附表1-1-5统计数据来源于各省域范围内茶叶规模种植农户和合作社。

附表 1-1-2　各地茶叶生产机械化关键环节
机械化水平情况

省 （直辖市、 自治区）	宜机化改造 机械化水平 （%）	施肥机械 化水平 （%）	中耕机械 化水平 （%）	植保机械 化水平 （%）	修剪机械 化水平 （%）	采收机械 化水平 （%）
江苏	9.57	20.87	31.30	87.83	55.43	7.23
浙江	6.30	2.32	31.66	43.77	48.09	40.16
安徽	—	5.32	16.07	41.09	57.69	28.06
福建	—	6.15	4.19	26.34	40.18	40.58
江西	26.46	37.62	41.78	55.32	70.58	25.52
山东	3.49	65.07	76.04	83.03	61.53	22.35
河南	—	61.95	3.16	4.00	61.95	2.19
湖北	15.55	10.37	6.22	39.40	41.48	55.25
湖南	7.17	17.67	28.22	47.42	35.81	14.29
广东	11.26	0.27	0.65	0.22	1.19	28.21
广西	0.49	2.81	3.39	10.64	4.51	0.53
重庆	2.72	9.70	21.71	41.74	47.51	3.05
四川	—	3.48	0.29	28.15	40.74	43.08
贵州	—	2.23	25.78	19.30	49.87	66.79
云南	—	0.48	8.14	19.87	13.26	13.37
陕西	13.24	55.18	64.55	63.27	83.92	3.29
甘肃	—	33.89	25.56	38.89	31.44	0.00
全国	11.24	9.75	16.39	40.34	30.79	31.22

附表 1-1-3 全国茶叶机械化生产技术装备需求情况

适宜机械化作业环节		现有机具数量（台、套）	估算还需要机具数量（台、套）	需求与在用占比（％）	需要程度（急需、较急、一般）	所需机具装备及基本作业性能描述（作业效率、技术规格等）
宜机化改造		2 274	6 515	286.64	急需	平地机（含激光平地机）、挖掘机、碎石机、推土机等。其中，激光平地机、挖掘机要求功率55千瓦以上、作业效率15亩/小时以上
耕整地机械		41 305	29 218	70.74	急需	微耕机、旋耕机、开沟机、松土机、丘陵改造田间管理机、深耕机等。其中，自走式、电动微耕机需求量大，要求作业效率1亩/小时以上
施肥机械		12 669	18 466	145.76	急需	施肥机、开沟施肥机、中耕施肥一体机、撒肥机、追肥机等。其中，自走式开沟施肥机要求功率36.8 kW以上、作业效率10亩/小时
田间管理机械	中耕机械	62 326	63 286	101.54	急需	除草机、中耕机、培土机、田园管理机、多功能中耕一体机等。其中，多功能田间管理机要求具备开沟、施肥、旋耕、除草等功能，作业效率2亩/小时以上
	修剪机械	414 049	72 315	17.47	急需	单人修剪机、电动修剪机、电动修剪机、双人修剪机、履带自走式修剪机等多种类型的修剪机、割灌机、修边机、绿篱机等。其中，履带自走式修剪机要求功率11千瓦以上、作业速度2～9千米/小时，修边机作业效率3亩/小时以上，绿篱机切割幅宽750毫米、功率0.8千瓦

（续）

适宜机械化作业环节		现有机具数量（台、套）	估算还需要机具数量（台、套）	需求与在用占比（%）	需要程度（急需、较急、一般）	所需机具装备及基本作业性能描述（作业效率、技术规格等）
田间管理机械	植保机械	213 494	104 125	48.77	急需	背负式喷雾机、动力喷雾机（含担架式）、电动喷雾器、杀虫灯、喷杆喷雾机、植保无人机、手动喷雾机、太阳能杀虫灯。其中，无人机作业要求续航能力强、承重量大、山地避障高度适应性能好。茶园喷雾机要求高效率、智能
	合计	689 869	239 726	34.75	急需	
采收机械		148 984	96 206	64.57	急需	单人采茶机、双人采茶机、名优茶采茶机、电动采茶机、乘坐式采茶机、无刀电动采茶机、扶叶式采收机等。其中，名优茶采摘机要求能保证茶叶品质；采摘大宗茶时要求机具能快速采茶收集茶叶、提高效率。乘坐式采茶机要求作业效率4亩/小时以上，双人5~6亩/天、单人2亩/天
运输机械		332	847	255.12	急需	履带运输机、轨道运输机、履带拖拉机、轮式拖拉机等。其中，履带运输机要求最大载重200千克~1 000千克不等
加工机械		495 913	62 932	12.69	一般	扁形茶炒制机、茶叶揉捻机、茶叶杀青机、茶叶炒（烘）干机、茶叶理条机、茶叶色选机、茶叶提香机、茶叶包装机、名优茶专业加工设备等。其中，杀青机、理条机等要求能精准温控，生产线要求智能、节能、高效，保障茶叶品质

（续）

适宜机械化作业环节	现有机具数量（台、套）	估算还需要机具数量（台、套）	需求与在用占比（%）	需要程度（急需、较急、一般）	所需机具装备及基本作业性能描述（作业效率、技术规格等）
排灌机械	8 937	14 907	166.80	急需	水肥一体化设备，部分要求能实现全自动施肥、带施肥罐或可施药，作业效率20亩/小时以上
合计	1 400 283	468 817			

附表 1-1-4 各地部分农机企业茶叶生产机械化产品情况

省(直辖市、自治区)	企业	保有量(台、套)	生产机具型号
江苏	镇江市丹徒区上党宙琦农机厂	100	串流式茶叶烘干机
	江苏云马农机制造有限公司	—	乘坐自走式采茶机、乘坐自走式茶树侧边修剪机(均为新研发机具未量产)
	无锡华源凯马发动机有限公司	2 200	KM3CG-50 型茶田翻耕管理机、6CST-50 型茶叶杀青机、6CST-60 型茶叶杀青机、6CST-70 型茶叶杀青机、6CST-80 型茶叶杀青机、6CST-100 型茶叶杀青机、6CR-35 型茶叶揉捻机、6CR-45 型茶叶揉捻机、6CR-55 型茶叶揉捻机、6CCP-80 型茶叶炒干机、6CCP-100 型茶叶炒干机、6CCP-120 型茶叶炒干机、6CHP-5 型茶叶烘干机、6CHP-4 型茶叶烘干机
浙江	淳安千岛湖浩宇机械有限公司	21 100	891ZD 型全自动扁形炒制机、781ZD 型全自动扁形炒制机、8015D 型全自动杀青理条机、6116D 型全自动杀青理条机、6011D 型全自动杀青理条机、45 型辉干机、401 型辉干机、601 型辉干机、232 千瓦生物质颗粒燃烧机、116 千瓦生物质颗粒燃烧机、348 千瓦生物质颗粒燃烧机、9D 型茶叶烘焙提香机、订制生产线
	浙江丰凯机械股份有限公司	14 500	名优扁形茶自动化生产线,滚筒杀青、理条、揉捻、发酵机组,扁形茶自动化炒制机
	浙江武义增荣食品机械有限公司	34 982	6CR-25 型茶叶揉捻机、6CR-35 型茶叶揉捻机、6CR-45 型茶叶揉捻机、6CR-55 型茶叶揉捻机、6CR-65 型茶叶揉捻机、6CR-75 型茶叶揉捻机、6CST-50 型茶叶杀青机、6CST-60 型茶叶杀青机、6CST-70 型茶叶杀青机、6CST-80 型茶叶杀青机、6CST-80D 型茶叶杀青机、6CST-90 型茶叶杀青机、6CST-90S 型茶叶杀青机、6CST-100 型茶叶杀青机、6CST-100D 型茶叶杀青机、6CST-100Q 型茶叶杀青机、6CST-110 型茶叶杀青机、6CST-110S 型茶叶杀青机、6CCT-120 型茶叶炒干机、6CCQ-60 型双锅曲毫炒干机、6CHB-10 型自动茶叶烘干机、6CHB-12 型茶叶烘干机、6CHB-20 型茶叶烘干机、6CHB-25 型茶叶烘干机、6CHB-30Z 茶叶烘干机

（续）

省（直辖市、自治区）	企业	保有量（台、套）	生产机具型号
浙江	金华牛哥机械有限公司	50 000	1WG4Q-80型微耕机
	浙江武义万达干燥设备制造有限公司	300	6CST-50型茶叶滚筒杀青机
	武义华帅茶叶瓜子机械有限公司	70 116	6CST-65型茶叶滚筒杀青机、6CST-80II型茶叶滚筒杀青机、6CST-80型茶叶滚筒杀青机、6CST-90型茶叶滚筒杀青机、6CST-100型茶叶滚筒杀青机、6CST-80Q型茶叶滚筒杀青机、6CST-100Q型茶叶滚筒杀青机、6CST-80D型茶叶滚筒杀青机、6CST-KL-80型茶叶滚筒杀青机、6CST-KL-90型茶叶滚筒杀青机、6CST-KL-100型茶叶滚筒杀青机、6CST-100F型茶叶滚筒杀青机、茶叶滚筒杀青机、6CST-110F型茶叶滚筒杀青机、6CRD-35型茶叶揉捻机、6CRD-45型茶叶揉捻机、6CR-55型茶叶揉捻机、6CR-65型茶叶揉捻机、6CRL-65型茶叶揉捻机、6CHB-8型茶叶烘干机、6CHB-12型茶叶烘干机、6CH-20型茶叶烘干机、6CH-30型茶叶烘干机、6CCT-100型茶叶炒干机、6CCT-80D型茶叶炒干机、5LS-165型生物质成型燃料热风炉、5LS-275型生物质成型燃料热风炉、茶叶揉捻机、茶叶烘干机、茶叶炒干机
	磐安县金丰机械厂	—	烘干机
	浙江上洋机械股份有限公司	—	6CST-80型茶叶滚筒杀青机、6CSF-80型超高温热风茶叶滚筒杀青机、6CR-55型茶叶揉捻机、6CR-40型茶叶揉捻机、6CMD-60/8型名茶多用机、6CCP-110型茶叶炒干机、6CHB-20型茶叶烘干机、6CR-65型茶叶揉捻机、6CHB-3型茶叶烘干机、6CHB-10型茶叶烘干机、6CST-50型茶叶滚筒杀青机、6CH-941I型茶叶烘焙机、6CR-30型茶叶揉捻机、6CR-35型茶叶揉捻机、6CCP-60型茶叶炒干机、6CCGQ-50型双锅曲毫炒干机、6CST-40型茶叶滚筒杀青机、6CST-80滚筒杀青机、6CLZ-60/11型茶叶理条机、6CCGQ-60型双锅曲毫炒干机、6CLZ-80/14型茶叶理条机、6CLXL340/12型茶叶连续理条机、6CLZ-30/4型茶叶理条机、6CLZ-80/18型茶叶理条机、6CSFT-60型远红外热风茶叶、6CST-60D型茶叶滚筒杀青机、6CST-100型茶叶滚筒杀青机、6CR-75型茶叶揉捻机

（续）

省（直辖市、自治区）	企业	保有量（台、套）	生产机具型号
浙江	浙江红五环制茶装备股份有限公司	—	滚筒杀青机、高温热风滚筒杀青机、理条机、连续理条机、烘干机、双锅曲毫机、炒干机、风选机、揉捻机、烘焙提香机、扁茶机
	浙江绿峰机械有限公司	1 230	6CST - 80 型杀青机、6CH - 20 型烘干机、理条机、6CCP - 1000 型炒干机
	浙江珠峰机械有限公司	—	杀青机、热风杀青机、揉捻机、炒干机、曲毫机、烘干机、理条机
	浙江恒峰科技开发有限公司	68 000	扁形茶炒制机（全自动、功率 7 千瓦）、辉锅机（滚筒式、功率 5 千瓦）
	浙江盛涨机械有限公司	20 000	智能全自动扁形茶炒制机、辉锅机
	浙江银球机械有限公司	200	6CCB - 781 型扁形茶炒制机、6CCB - 861 型扁形茶炒制机、6CCB - 981 型扁形茶炒制机
	嵊州民盛机械有限公司	49 900	6CMS - 800/11ZD 型智能全自动名茶杀青理条机、6CMS - 800/15ZD 型智能全自动名茶杀青理条机、6CMS - 445/9 型名茶杀青理条机、6CSL - 585/11Z 型智能茶叶杀青理条机、6CMS - 585/11ZD 型智能全自动名茶杀青理条机、6CMS - 585/15ZD 型智能全自动名茶杀青理条机、6CSL - 585/11ZD 型智能全自动茶叶杀青理条机、6CSL - 445/10Z 型智能茶叶杀青理条机、6CSX - 05 型茶叶筛选机、6CM - 400 型名茶辉锅提香机、6CM - 480 型名茶辉锅提香机、6CCB - 78ZD 型全自动扁形茶炒制机、6CCB - 90ZD 型全自动扁形茶炒制机、6CCB - 100ZD 型全自动扁形茶炒制机、6CCB - 903ZD 型智能全自动扁形茶炒制机、6CCB - 10001 型扁形茶炒制机、6CCB - 9001 型扁形茶炒制机

（续）

省（直辖市、自治区）	企业	保有量（台、套）	生产机具型号
安徽	霍山捷成科技发展有限公司	3 000	组合冷库
	霍山法珠机械制造有限公司	375	6CLL-230-8 型茶叶理条机、6CL-10250X 型茶叶理条机、6CLL-230-10 型茶叶理条机、6CL-12230X 型茶叶理条机、6CL-13250X 型茶叶理条机、6CHS-6 型茶叶烘干机、6CHS-7 型茶叶烘干机、6CHS-8 型茶叶烘干机
	金寨县金鑫峰农业机械有限公司	1 200	6CS35D 型茶叶输送机、6CS35DW 型茶叶输送机、6CS40D 型茶叶输送机、6CS100D 型茶叶输送机、6CST-65 型茶叶滚筒杀青机、6CR-35 型茶叶揉捻机、6CR-45 型茶叶揉捻机、6CR-55 型茶叶揉捻机、6CLZ-8 型茶叶理条机、6CLZ-11 型茶叶理条机、6CLZ-16D 型茶叶理条机、6CLL-230-12 型茶叶理条机、6CLL-230-14 型茶叶理条机
	青阳县裕林机械制造有限公司	750	6CL-8-60D 型理条机、6CL-12-60D 型理条机、6CL-13-70D 型理条机、6CL-13-80D 型理条机、6CL-70-13Q 型理条机、6CL-80-13Q 型理条机
	安徽友力节能设备有限公司	12 540	6CSKY-71Q 型茶叶压扁机、6CSKY61B 型茶叶压扁机、6CHSK-10 型茶叶烘干机、6CL-70-12Q 型茶叶理条机
	祁门县精得利机械设备有限公司	7 000	6CL-72-1D 型茶叶理条机、6CL-60-8 型茶叶理条机、6CHSK-14 型茶叶烘干机、6CL-172 型茶叶理条机、6CL-1 160D 型茶叶理条机、6CL-12 230XD 型茶叶理条机、6CL-12 230X 型茶叶理条机、6CWC-10 型茶叶萎凋机、6SRS-10 型生物质颗粒燃烧机
	祁门县兴茶机械有限公司	18 000	6CR-25 型茶叶揉捻机、6CR-30 型茶叶揉捻机、6CR-35 型茶叶揉捻机、6CR-45 型茶叶揉捻机、6CR-55 型茶叶揉捻机、6CR-65 型茶叶揉捻机、6CCT-60 型滚筒式茶叶炒干机
	黄山志大机械制造有限公司	250	6CHSK-10 型茶叶炒（烘）干机、6CHSK-6 型茶叶炒（烘）干机

（续）

省（直辖市、自治区）	企业	保有量（台、套）	生产机具型号
安徽	黄山市恒安机械制造有限公司	660	65 型茶叶揉捻机、55 型茶叶揉捻机、45 型茶叶揉捻机、鲜叶提升机、滚筒炒干机、颗粒燃烧机
	休宁县齐云机械制造有限公司	410	茶叶抖筛机、110 型滚筒炒干机、140 型滚筒炒干机
	黄山市雄飞农机设备有限公司	12 500	修剪机、采茶机（单人）
	黄山市新科状元茶叶机械有限公司	20 000	修剪机、采茶机（单人）
	黄山市徽州区新建茶业机械有限公司	360	10 米² 手动间歇式茶叶炒（烘）干机、6 米² 连续式茶叶炒（烘）干机、10 米² 连续式茶叶炒（烘）干机、2.5～3.5 米² 连续式茶叶理条机
	黄山市雄伟茶叶机械有限公司	1 345	6 米² 手动间歇式茶叶炒（烘）干机、8 米² 手动间歇式茶叶炒（烘）干机、8 米² 连续式茶叶炒（烘）干机、12 米² 连续式茶叶炒（烘）干机、20 米² 连续式茶叶炒（烘）干机、2.5～3.5 米² 智能连续式茶叶理条机、1～2.5 米² 连续式茶叶理条机（2 种型号）、3.5 米² 以上连续式茶叶理条机、带式茶叶输送机
	黄山市徽州区新友茶叶机械制造有限公司	1 775	直径 110 厘米滚筒式茶叶炒（烘）干机、直径 80 厘米滚筒式茶叶炒（烘）干机、10 米² 手动间歇式茶叶炒（烘）干机、6 米² 手动间歇式茶叶炒（烘）干机、6 米² 连续式茶叶炒（烘）干机、10 米² 连续式茶叶炒（烘）干机、16 米² 连续式茶叶炒（烘）干机、20 米² 连续式茶叶炒（烘）干机、1～2.5 米² 连续式茶叶理条机、2.5～3.5 米² 连续式茶叶理条机、3.5 米² 以上连续式茶叶理条机、直径 55 厘米盘式茶叶揉捻机、带式茶叶输送机
福建	福建冠能机械有限公司	13 500	双人茶树修剪机、双人采茶机、单人茶树修剪机、单人采茶机、割灌机、油锯、挖坑机、茶园松土机、吹风机
	安溪县神工机械有限公司	19 000	单人茶树修剪机、单人采茶机、割灌机、油锯、挖坑机
	泉州茶友机械有限公司	5 000	单人茶树修剪机、单人采茶机、割灌机

(续)

省(直辖市、自治区)	企业	保有量(台、套)	生产机具型号
福建	福建省安溪祥山机械有限公司	280	XS-6CRT-35B 型茶叶揉捻机、XS-6CRT-45B 型茶叶揉捻机、XS-6CRT-55B 型茶叶揉捻机、XS-6CRT-65B 型茶叶揉捻机、XS-6CHZ-9B 型茶叶烘焙机、XS-6CHZ-6 型茶叶烘焙机、XS-6CST-90I 型燃气茶叶杀青机
	福建省安溪县南美茶叶机械有限公司	11 700	NM-6CST-90 型茶叶杀青机、NM-6CST-70 型茶叶杀青机、NM-6CRT-25B 型茶叶揉捻机、NM-6CRT-30B 型茶叶揉捻机、NM-6CRT-35B 型茶叶揉捻机、NM-6CRT-40B 型茶叶揉捻机、NM-6CRT-45B 型茶叶揉捻机、NM-6CRT-50B 型茶叶揉捻机、NM-6CRT-55B 型茶叶揉捻机
	福建长荣自动化设备有限公司	10 100	188 型真空机、178 型真空机、209 型真空机
	福建省安溪县韵和机械有限公司	50 000	乌龙茶自动成形设备
	安溪县神手农业机械有限公司	3 000	采茶机、茶树修剪机
	泉州得力农林机械有限公司	1 811	DL-6CHZ-9B 型茶叶烘焙机、DL-6CHZ-6 型茶叶烘焙机、DL-6CST-90 型燃气茶叶杀青机、DL-6CRT-55 型茶叶揉捻机、DL-6CRT-50 型茶叶揉捻机、DL-6CRT-45 型茶叶揉捻机、DL-6CRT-40 型茶叶揉捻机、DL-6CRT-35 型茶叶揉捻机
	福建省大田县闽盛机械有限公司	8 000	茶叶揉捻机
山东	威海佳润农业机械有限公司	1 500	丹参（西洋参）收获机
	荣成市佳鑫农业机械有限公司		丹参（西洋参）精密播种机
	威海市同方烘干供热设备厂	1 500	西洋参收获机
	日照春茗机械制造有限公司	2 800	茶叶杀青机、茶叶揉捻机、茶叶炒干机

（续）

省（直辖市、自治区）	企业	保有量（台、套）	生产机具型号
山东	日照盛华茶业机械股份有限公司	7 800	6CST－50 型茶叶杀青机、6CST－60 型茶叶杀青机、6CST－70 型茶叶杀青机、6CST－80 型茶叶杀青机、6CST－100 型茶叶杀青机、6CR－35 型茶叶揉捻机、6CR－45 型茶叶揉捻机、6CR－55 型茶叶揉捻机、6CCP－80 型茶叶炒干机、6CCP－100 型茶叶炒干机、6CCP－120 型茶叶炒干机、6CHP－5 型茶叶烘干机、6CHP－4 型茶叶烘干机
河南	信阳万峰茶业科技有限公司	27 600	茶叶杀青机、茶叶揉捻机、排把式茶叶炒干机、茶叶筛选机、茶叶烘干机、物料输送机
	信阳一鼎茶业科技有限公司	9 600	6CST－60 型茶叶杀青机、6CST－80 型茶叶杀青机、6CR－30 型揉捻机、6CR－35 型揉捻机、6CCGK－120 型自动控温炒茶机、6CCGK－60 型自动控温炒茶机、6CCGK－80 型自动控温炒茶机
湖北	湖北恩施增荣茶机有限责任公司	950	6CR－25 型茶叶揉捻机、6CR－35 型茶叶揉捻机、6CR－45 型茶叶揉捻机、6CR－55 型茶叶揉捻机、6CR－65 型茶叶揉捻机、6CR－75 型茶叶揉捻机、6CST－50 型茶叶杀青机、6CST－60 型茶叶杀青机、6CST－70 型茶叶杀青机、6CST－80 型茶叶杀青机、6CST－90 型茶叶杀青机、6CST－100 型茶叶杀青机、6CST－110 型茶叶杀青机、6CCT－120 型茶叶炒干机、6CCQ－60 型双锅曲毫炒干机
	黄冈市丰景农业机械有限公司	—	6CST－60 型茶叶杀青机、6CST－80 型茶叶滚筒杀青机、6CST－90 型茶叶滚筒杀青机、6CST－100 型茶叶滚筒杀青机、6CR－35 型茶叶揉捻机、6CR－45 型茶叶揉捻机、6CR－55 型茶叶揉捻机、6CR－65 型茶叶揉捻机、6CCT－110 型茶叶炒干机、6CCP－120 型茶叶炒干机、6CH－5 型茶叶烘干机、6CHBZ－20 型茶叶烘干机、6CHBZ－30 型茶叶烘干机、6CLZ－11 型茶叶理条机、6CLL－230－11 型茶叶理条机

（续）

省（直辖市、自治区）	企业	保有量（台、套）	生产机具型号
湖南	隆回县泰富金银花烘干设备制造有限公司	126	6CHBS-20型烘干机、6CHB-50型烘干机、6CZQ-200XI型蒸汽杀青机
	隆回县志华农机有限责任公司	186	高温烘干机（20米²烘干盘）、高温烘干机（70米³烤房）、蒸汽杀青机（20米²杀青盘）
	湘潭鑫控机电科技有限公司	60	茶叶烘干机
	湖南省小黄牛农机制造有限公司	500	茶叶揉捻机、采茶机
	绥宁县绿州农机制造有限公司	600	茶树修剪机
	古丈县能辉再生能源科技有限责任公司	600	茶叶炒干机、茶叶滚筒杀青机
	长沙茶友农业机械有限公司	300	茶叶揉捻机
	益阳市有升农业机械设备有限公司	5 000	茶叶揉捻机
	双峰县长兴机械制造有限公司	—	揉捻机
广西	桂林高新区科丰机械有限责任公司	2 250	茶树修剪机、油锯
	柳州市金元机械制造有限公司	200	便携式电动采桑机（可用于采茶）
	广西玉柴农业装备有限公司	—	双人采茶机（新研发机具未量产）
四川	峨眉山市川江茶叶机械设备有限公司	5 950	茶叶理条机、茶叶杀青机

（续）

省（直辖市、自治区）	企业	保有量（台、套）	生产机具型号
四川	四川省登尧机械设备有限公司	35 750	6CL-12/80 型茶叶理条机、6CCT-80 型茶叶炒干机、6CCT-90 型茶叶炒干机、6CCT-130 型茶叶炒干机、6CCT-150B 型茶叶炒干机、6CHB-20 型茶叶链板式烘干机、6CHB-30 型茶叶链板式烘干机、6CHT-100 型茶叶动态烘干机、6CHC-1.3B 型远红外茶叶烘干机、6CR-40 型茶叶揉捻机、6CR-55 型茶叶揉捻机、6CR-65 型茶叶揉捻机、6CST-80F 型高温热风杀青机、6CST-100F 型高温热风杀青机、6CST-60 型茶叶滚筒杀青机、6CST-80 型茶叶滚筒杀青机、6CST-100A 型茶叶滚筒杀青机、6CST-110 型茶叶滚筒杀青机、6CST-110Q 型茶叶滚筒杀青机、6CZQRC-300 型茶叶蒸汽热风杀青机、6CZQRC-400 型茶叶蒸汽热风杀青机、6CZQRC-500 型茶叶蒸汽热风杀青机、6CL-11/360X 型茶叶连续理条机、6CL-13/360X 型茶叶连续理条机、6CS45Z 型茶叶振动输送机、6CDB-330 型茶叶抖筛机、6CDB-480A 型茶叶抖筛机
重庆	重庆尚翔机电有限公司	7 500	电动采茶机、修剪机
	重庆宗申农业机械有限公司	1 000	绿篱机
	重庆鑫源农机股份有限公司	2 500	绿篱机
贵州	贵州双木农机有限公司	1 260	茶叶杀青机、茶叶揉捻机、茶叶炒（烘）干机、茶叶理条机
宁夏	宁夏塞上阳光太阳能有限公司	4 000	烘干机

2020 年全国中药材生产机械化技术装备需求调查与分析

一、调查背景

此次调查在 2019 年全国中药材生产机械化技术与装备需求调查工作的基础上，根据全国中药材生产分布情况，在河北、山西、吉林、辽宁、浙江、安徽、江西、山东、河南、湖北、湖南、广东、广西、云南、贵州、陕西、甘肃、宁夏 18 个中药材主产区省份，针对田间栽培类中药材的育苗、种植（播种、移栽）、收获、田间转运 4 个生产机械化关键环节，以及林间种植类中药材的施肥（开沟、水肥一体化）、中耕（培土、除草）、修剪、植保、收获（含采摘平台）、园内转运 6 个生产机械化关键环节，开展相关技术与装备现状和需求调查。调查机具类型重点为专用机具，与粮食作物机械化生产通用的机具不在需求调查范围内。

调查对象包括需求方和供给方。其中需求方为各省域范围内中药材规模种植农户或合作社，重点调查现有种植规模、机械化生产规模、机具类型与数量、存在的问题与建议以及急需的机具类型、数量、基本性能要求、需求程度等。供给方为各省域范围内茶叶机械化机具生产企业、科研单位，重点调查各生产企业主要类型机具市场保有量、所依据标准和鉴定情况等。

各有关省级农机推广站安排专人组成调查工作组，设计细化调查表，统一调查方法和调查要求，组织指导各地市级和县级农机推广站开展调查工作。调查人员采取座谈会、实地走访、函询等方式，按照调查表的内容，对需求方和供给方开展调查。

二、调查成果

通过对各地上报的需求调查表进行汇总分析，形成全国需求目录，目录从种植面积、区域、数量、生产环节、机具性能、中药材机具产品及研发等反映出以下几方面的需求情况。

（一）种植面积及区域分布情况

全国中药材规模种植主要集中在18个省的538个县（市、区、镇、乡），面积共计2 992.77万亩，各省份中药材种植面积及区域分布详见附表1-2-1。中药材种植面积方面，超过100万亩的省有8个，分别是广西、贵州、甘肃、湖北、广东、云南、湖南和辽宁，其中广西、贵州两省种植面积均超过了600万亩，如图1-2-1。区域分布方面，规模种植县（市、区、镇、乡）数超过40个的省有5个，分别是广西、甘肃、辽宁、山西和贵州，其中广西规模种植县（市、区、镇、乡）数超过了70个，如图1-2-2。

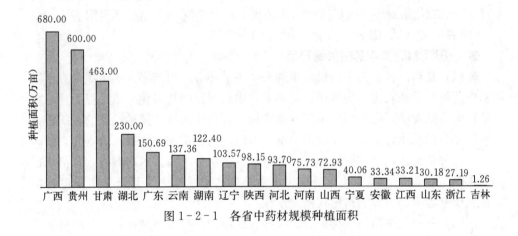

图1-2-1 各省中药材规模种植面积

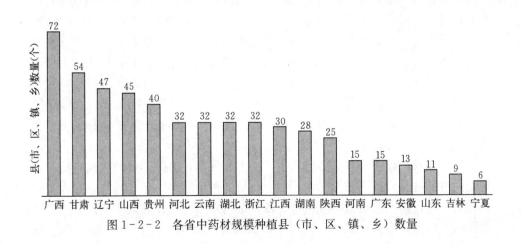

图1-2-2 各省中药材规模种植县（市、区、镇、乡）数量

（二）关键环节机械化水平、机具使用情况

本次调查，对中药材生产机械化关键环节的现有机具情况、机械化水平进行了确认，包括田间栽培类中药材的育苗、种植（播种、移栽）、收获、田间转运等和林间种植类中药材的施肥、中耕、修剪、植保、收获、园内转运等关键环节。调查发现，中药材生产具有种类繁多、应用部位多种多样、种植模式多样、栽植模式多样、同一部位成熟期不同等自身特点，目前机械化生产可供选择的专用机具少，除与传统大田生产相同的施肥、中耕、植保环节已采用部分通用机械外，其他环节绝大多数都要靠人工才能完成，整体机械化程度较低，无法满足中药材种植合作社和大户的机械化需求。我国中药材生产机械化主要环节的机械化水平和现有机具情况调查结果详见附表1-2-2、附表1-2-3、附表1-2-4和附表1-2-5。

1. 田间栽培类中药材关键环节

（1）**育苗。**育苗是中药材栽培的一个关键环节，出苗率、出苗质量直接影响中药材产量和农民经济效益。近年来，中药材田间规模化种植趋势明显，育苗技术不断发展，已能通过采用育苗场地＋育苗流水线或播种设备的方式进行规模化、标准化育苗，确保育苗质量。目前，因育苗流水线投入成本高，我国中药材种植又多以个体散户为主，因此机械化水平不高。本次调查，育苗机械化水平为6.54%，其中湖北机械化水平最高，超过40%。该环节机具以育苗机械设备为主，主要为精量穴播流水线。

（2）**种植。**中药材的种植分为播种、移栽和嫁接等多种形式，其中播种是指直接播种种子、块茎等生物组织的直播方式，移栽是指育苗—移栽的方式，不同品种在不同地区应采取符合当地条件的种植方式。近年来，因移栽具有缩短生长时间、提高成活率、提高产量等优点，采用移栽种植的中药材逐渐增多，但由于专用机具较少，绝大多数移栽由人工完成。本次调查，播种、移栽的机械化水平分别为11.06%和6.34%，其中浙江、宁夏播种机械化水平均超过40%，宁夏、湖北移栽机械化水平均超过35%。该环节机具以播种机械和栽植机械为主，现有机具数量1.08万台，播种机械主要包括撒播机、精量播种机、小粒种子播种机、覆膜播种机、穴播机等，栽植机械主要包括秧苗移栽机、根茎移栽机等，如图1-2-3。

（3）**收获。**收获环节是中药材生产的重要环节，多数药材的收获时机和收获方式对药材品质有较大影响，加上药材的种类繁多、形态各异、对收获部位要求不同，药材的机械化收获对收获机械的专用性、作业效率和作业质量要求较高。目前，中药材机械化收获在机械装备的种类、数量均与需求存在较大差距，现有的药材收获机械多从大田作物收获机械转化而来，并且多数需

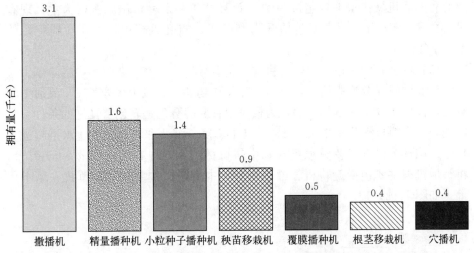

图1-2-3　种植（播种、移栽）环节现有各主要类型机具拥有量对比情况

配套动力机械使用，适用性不强，可用于采摘果实、花、叶类中药材的专用收获机械基本没有。本次调查，收获机械化水平为18.43%，在田间栽培类中药材生产各关键环节中机械化水平最高。该环节机具以收获机械和动力机械为主，收获机械现有机具数量1.27万台，主要包括药材挖掘机、药材收割机、药材收获机等，其中药材挖掘机数量约0.73万台；动力机械现有机具数量0.63万台，以大中型拖拉机为主。

（4）田间转运。田间转运是中药材生产的重要环节，主要包括中药材产品田间转运和农用物资田间转运。丘陵山区是我国中药材的重要生产基地，地势起伏、坡度大、土地分散，田间道路狭窄曲折、陡升陡降，导致中药材农业搬运机械化水平不高。目前，田间转运工具普遍为手推车、两轮车等，这些转运方式存在劳动强度大、安全性差、效率低等问题。在农村劳动力日益缺乏、提高生产率需求日益迫切的情况下，丘陵山区急需自动化程度高、安全性好的田间道路专用机械。本次调查，田间转运机械化水平12.26%，其中山东和辽宁机械化水平均超过60%。该环节机具以农用运输机械为主，现有机具数量0.79万台，主要包括三轮运输车、收获装载平台、四轮农用运输车等，其中三轮运输车约0.51万台，收获装载平台0.19万台。

2. 林间种植类中药材关键环节

（1）施肥。中药材生长发育需要多种营养元素，不同种类的中药材喜肥规律也不同，施肥是中药材耕作的重要环节之一，合理施肥有助于药材生长发育过程中的有效药用成分积累。目前林间种植类中药材施肥大多采用开沟—施肥的作业方式。本次调查，施肥机械化水平 17.31%，其中宁夏、江西、甘肃、河北和湖北机械化水平均超过 30%。该环节机具以种植施肥机械为主，现有机具数量 0.62 万台，主要包括开沟施肥机、施肥机等，其中开沟施肥机约 0.6 万台。

(2) 中耕。中耕也是中药材耕作的重要环节之一，主要包括中耕除草、松土，作业同时配合追肥培土，有助于疏松作物表土、减少水分蒸发、流通土壤空气，促使土壤中养分的分解，为根系生长和养分的运转创造良好的条件。本次调查，中耕机械化水平 20.85%，其中宁夏、湖北和河北机械化水平超过了 40%。该环节机具以耕整地机械和中耕机械为主，现有机具数量 0.57 万台，耕整地机械主要包括旋耕机、微耕机等，中耕机械主要包括除草机、培土机等，如图 1-2-4。

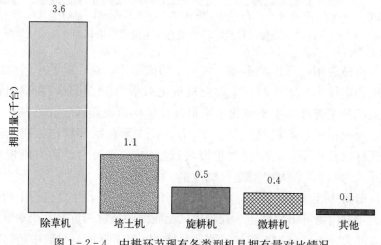

图 1-2-4　中耕环节现有各类型机具拥有量对比情况

(3) 修剪。修剪是木本中药材管理的重要环节，是确保木本中药材优质丰产的一项重要措施。修剪的作用在于平衡各器官生长，利于通风透光、减少病虫害、提高单位面积产量。本次调查，修剪机械化水平 30.32%，其中辽宁、湖北和河南机械化水平超过了 60%。该环节机具以修剪机械为主，现有机具数量 0.83 万台，主要是割灌机和电动剪枝机。

(4) 植保。中药材植保机械主要用于中药材病虫草害防治，确保中药材正常生长和提升产品品质。目前，中药材植保环节主要以使用大田植保机械为主，机型种类较多。本次调查，植保机械化水平 31.95%，在林间种植类中药材生产各环节中机械化水平最高。该环节机具以植保机械为主，现有机具数量 0.85 万台，主要包括风送式喷雾机、电动喷雾器、高扬程喷雾机、植保无人机等，其中风送式喷雾机约 0.58 万台。

（5）**收获**。林间种植类中药材目前采摘技术相对落后，实现机械化作业难度较大。本次调查，收获机械化水平 7.65%。该环节现有机具数量 1.22 万台，主要包括摇枣机（主要用于收获山茱萸）、采摘机、收获机、采摘升降平台等，其中摇枣机约 1.1 万台。

（6）**园内转运**。园内转运机械主要用于中药材产品和农用物资园内转运。本次调查，园内转运机械化水平 7.65%。该环节现有机具数量 0.6 万台，主要包括农用三轮车、田间搬运机、轨道运输机等，其中农用三轮车约 0.54 万台。

（三）关键环节机具需求情况

此次调查，中药材机械化生产各个关键环节机具缺口都较大，并且需求紧迫。各地根据生产实际提出了中药材生产机械化急需机具约 16.59 万台（套），关键环节机具需求情况详见附表 1 - 2 - 3。

1. **关键环节所需机具缺口情况**　对于田间栽培类中药材，其生产机械化关键环节中种植施肥、收获、初加工、运输环节机具缺口较大，用户急需，需要耕整地机械 0.56 万台、种植施肥机械 1.99 万台，收获机械 1.13 万台，农产品初加工机械 0.18 万台，农用运输机械 0.34 万台。

对于林间种植类中药材，其生产机械化关键环节中施肥、田间管理、收获、排灌、运输、加工环节机具缺口较大，用户急需，需要施肥机械 0.88 万台，田间管理机械 3.91 万台（其中，中耕机械 1.12 万台/套，修剪机械 1.45 万台，植保机械 1.34 万台），收获机械 0.74 万台，排灌机械 5.34 万台（套），农用运输机械 1.12 万台，加工机械 0.18 万台（套）。

2. **关键环节所需机具装备情况**　本次调查，掌握了中药材生产机械化关键环节急需机具的种类和主要性能需求情况，各关键环节所需机具装备及其基本性能描述详见附表 1 - 2 - 3。通过对调查结果分析，结合我国中药材种植和生产实际，各关键环节所需机具呈现特点见表 1 - 2 - 1。

表 1 - 2 - 1　中药材生产机械化关键环节所需机具装备特点

类别	关键环节	所需机具装备特点
田间栽培类	育苗	精量穴播流水线、营养钵压制机等需求量大，要求出苗率、成活率高
	种植（播种、移栽）	精密播种机、小粒种子播种机、穴播机、覆膜播种机需求量大，作业效率 5 亩/小时以上；中药材撒播机需求量大，作业效率 2 亩/小时，撒播宽度 1~1.5 米
		秧苗、根茎移栽机需求量大，作业效率 1.5 亩/小时以上

（续）

类别	关键环节	所需机具装备特点
田间栽培类	收获	中药材专用收获机械，高效并确保药材品质。作业效率挖掘机 3 亩/小时以上，收获机 5 亩/小时以上
	田间转运	收获装载平台、履带式运输车、轨道运输机需求量大
林间种植类	施肥	开沟施肥机需求量大，能适宜山区作业，开沟深度 40 厘米、施肥深度 20～30 厘米，作业效率高
	中耕	培土机、除草机、微耕机需求大，培土机要求自走式，除草机要求自走式或背负式，作业效率 3～5 亩/小时以上
	修剪	电动修剪机、割灌机需求量大，用于枸杞修剪。作业效率 5 亩/小时，电动修剪机单次使用时长 8 小时以上
	植保	风送式喷雾机、诱虫灯、喷雾器需求量大，风送式水平射程 25～50 米；无人机作业要求续航能力强，作业效率 100 亩/小时以上
	收获	中药材采摘机、采摘升降平台需求量大，作业效率 2 亩/小时以上，配套功率 10 千瓦以上 中药材挖掘收集一体机，采挖深度达到 40 厘米以上，适用于深根类中药材的收获，作业效率 3～5 亩/小时以上
	园内转运	田园搬运机、轨道运输机、三轮运输车需求量大。田园搬运机作业效率 5 亩/小时，配套动力 36.8 千瓦；轨道运输机作业速度 0.4 米/秒以上，单轨功率 3.2 千瓦

（四）中药材生产机械产品情况及研发方向

通过调查，中药材主产区共有中药材机械生产企业 30 余家、产品约 65 种，主要包括播种机械、中耕施肥机械和收获机械，其中仅 10 余个产品进行过农业机械推广鉴定或农业机械专项鉴定，产品规格主要依据企标、地方标准或行业标准。全国部分农机企业中药材生产机械化产品情况详见附表 1-2-6。

近年来，国内农机生产企业、科研单位加大中药材机械产品研发力度，不断提升中药材机械化技术装备水平，中药材生产机械化已"在路上"，但水平还比较低，与产业发展需求仍不相适应。结合企业调查，我国中药材机械应向以下三个方面发展：一是推进农艺农机融合，中药材种植栽培制度要考虑农机作业问题，农机研发、推广部门要考虑中药材种植农艺复杂多变的要求，农机农艺相结合，不断提升中药材机械装备适用性；二是借鉴大农业机械化技术成果，在尊重中药材生产特点的基础上，将大农业机械化生产技术向中药材生产进行转化，研发针对性强、经济、适用、可靠、安全的新型机械装备，缓解需求矛盾；三是将自主研发创新与引进吸收结合，针对药材品种、种植模式、生产要求等，研发"一品一机"的专用机具，解决部分中药材机械化生产"无机可用"问题。

附表1-2-1　各地中药材规模种植情况

附表1-2-2　各地中药材生产机械化关键环节机械化水平情况（田间栽培类）

附表1-2-3　各地中药材生产机械化关键环节机械化水平情况（林间种植类）

附表1-2-4　全国中药材机械化生产技术装备需求情况（田间栽培类）

附表1-2-5　全国中药材机械化生产技术装备需求情况（林间种植类）

附表1-2-6　各地部分农机企业中药材生产机械化产品情况

附表 1－2－1 各地中药材规模种植情况

省 (自治区)	农产品	县（市、区、镇、乡）	数量 (市、区、镇、乡）（个）	种植面积 (万亩)
河北	勺药、南星、牛膝、沙参、瓜蒌、玫瑰、金莲花、白术、连翘、川芎、铁皮石斛、赤勺、荆芥、韭菜子、莱菔子、黄蜀葵、王不留行、决明子、酸枣、南沙参、田七、蒲公英、防风、水飞蓟、甘草、知母、丹参、板蓝根、大青叶、半夏、射干、款冬花、菊花、桔梗、金银花、枸杞、黄芪、黄芩、酸枣仁、苦参	安国市、高阳县、康保县、崇礼区、沽源县、阜平县、博野县、内丘县、南和区、沾源县、大城县、怀来县、涿鹿县、蠡县、临城县、盐山县、尚义县、赤城县、黎北管理区、塞北管理区、海兴县、献县、平乡县、广宗县、任泽区、信都区、沙河市	32	93.701
山西	板蓝根、黄芩、丹参、金银花、苍术、黄芪、远志、菊花、艾叶、勺药、党参、紫苏、连翘、柴胡、射干、生地、半夏、五味子	沁水县、盐湖区、高平市、兴县、古交市、繁峙县、绛县、夏县、平陆县、新绛县、万荣县、垣曲县、黎城县、方山县、阳曲县、灵石县、代县、定襄县、原平市、侯马市、乡宁县、襄汾县、古县、浑源县、河津市、临猗县、尧都区、闻喜县、芮城县、平定县、柳林县、壶关县、平顺县、阳城县、临县、榆次区、保德县、上党区、沁源县、宁武县	45	72.928
吉林	黄芪、人参、五味子	舒兰市、抚松县、汪清县、江源区、浑江区、通化县、靖宇县、蛟河市、敦化市	9	1.26

（续）

省（自治区）	农产品	县（市、区、镇、乡）	数量（市、区、镇、乡）（个）	种植面积（万亩）
辽宁	黄芪、板蓝根、黄精、牛蒡、地龙骨、玉竹、龙胆草、五味子、野山参、贝母、辽细辛、北五味、菊花、穿山龙、桔梗、沙棘、牛膝、铁线莲、蓖麻、防风、赤勺、北苍术、威灵仙、柴母草、益母草、菌麻、参术、白术、北飞、柴胡、平地人参、刺五加、白鲜皮、白勺、硕参、水飞蓟、辽五味、金盏菊、人参、北沙参、辽藁本、紫草、草乌、三七、地丁、苍术、沙参、射干、威灵仙、黄芩、林下人参、苦参、丹参、快枣、黑果花椒、甘草、黄花、穿地龙	昌图县、西丰县、寺儿堡镇、义县、铁岭县、普兰店区、庄河市、大石桥市、喀喇沁左翼蒙古族自治县、清原区、新宾市、龙潭镇、凌海市、北镇市、沙河口县、凌源市、黄花甸镇、金普新区、高岭镇、本溪县、桓仁县、明山区、宽甸满族自治县、凤城市、岫岩县、阜蒙县、彰武县、细河区、朝阳、建平县、高台镇、高甸子满族乡、前卫镇、山神庙子乡、大王庙镇、辽中区、北票市、西佛镇、盖州市、大石桥区、连山区、法库县、黑山县、塔山村	47	103.57
浙江	铁皮石斛、杭白菊、灵芝、三叶青、贝母、元胡、白术、白及、白勺、温郁金、三叶青	乐清市、富阳区、建德市、淳安县、椒江区、桐乡市、兰溪市、武义县、仙居县、遂昌县、安吉县、常山县、莲都区、龙泉市、景宁畲族自治县、衢江区、区、温岭市、东阳市、磐安县、龙游县、海曙区、开化县、黄岩区、云和县、嵊州市、新昌县、天台县、柯城区、缙云县、永康市、瑞安市、永嘉县	32	27.19
安徽	牡蒿、芡实、天冬、葛根、何首乌、山莲、山楂树、溪黄草、百合、玄参、柴胡、板蓝根、断血流、大青根、桔梗、灵芝、宁前胡、薄荷、田七、决明子、艾草、丹皮、覆盆子、天麻、白术、白勺、丹参、桔梗、石斛、菊花、灵芝、重楼、白及、黄精、金银花、杜仲	定远县、广德县、贵池区、霍山县、界首市、金寨县、旌德县、郎溪县、宁国县、青阳县、太和县、宣城县	13	33.34

（续）

省（自治区）	农产品	县（市、区、镇、乡）	数量（市、区、镇、乡）（个）	种植面积（万亩）
江西	金丝皇菊、车前草、吴茱萸、金银花、岗梅根、粉防己、知母、苏芡、七叶一枝花、地锦草、白花蛇舌草、瓜蒌、黄栀子、水栀子、前胡、蔓荆子、丹参、艾草、黄精、鸡冠花、白芷、白术、枳壳、重楼、决明子、桔梗、杜仲、元胡	靖安县、上高县、袁州县、余江区、乐安县、卢江区、广昌县、金溪县、都昌县、南城区、渝水区、永丰县、峡江县、进贤县、湾里区、德兴市、宁都县、宜丰县、莲花县、湘东区、资溪县、崇仁县、南丰县、临川区、东乡县、新干县、修水县、安义县、鄱阳县	30	33.213
山东	丹参、黄芪、玫瑰、西洋参、金银花、桔梗	钢城区、莱芜区、沂源县、文登区、临朐县、平邑县、沂水县、平阴市、莒县、莱阳市、蒙阴县	11	30.178
河南	瓜蒌、何首乌、黄精、玄参、白及、皂角刺、连翘、艾草、栀子、金银花、益母草、朱果、苍术、白芷、黄芩、花椒、白薇、皂角、杜仲、知母、柴胡、迷迭香、苦参、赤勺、白头翁、天南星、地黄、血参、牡丹、山茱萸、荷叶、菊花、白术、丹参、菊花菜、柳、药菊花、青钱柳	安阳县、镇平县、嵩县、淅川县、湖滨区、灵宝市、陕州区、方城县、南召县、宛城区、龙亭区、林州市、唐河县、卢氏县、西峡县	15	75.734
湖北	蕲艾、菊花、银杏、玄参、独活、木瓜、贝母、勺药、天麻、竹节参、虎杖、白附子、石斛	茅箭区、张湾区、郧阳区、老河口市、竹山县、房县、竹溪县、钟祥市、丹江口市、东宝区、掇刀口区、保康县、谷城县、巴东县、宣恩县、咸丰县、来凤县、建始县、鹤峰县、兴山县、远安县、秭归县、长阳县、五峰县、麻城县、罗田县、英山县、团风县、蕲春县、黄梅县	32	230

（续）

省 （自治区）	农产品	县（市、区、镇、乡）	数量 （市、区、镇、乡） （个）	种植面积 （万亩）
湖南	龙牙百合、茯苓、黄花菜、迷迭香、金银花、鱼腥草、黄精、木瓜	醴陵市、茶陵县、祁东县、隆回县、邵阳县、新邵县、邵东市、赫山区、安化县、鹤城区、新晃县、中方县、靖州县、麻阳县、通道县、洪江市、双峰县、平江县、新化县、岳阳县、华容县、汨罗市、湘阴县、临湘市、资阳区、涟源市	28	122.4
广东	中药材	郁南县、惠东县、阳西县、清新区、潮安区、罗定市、云城区等	15	150.68
广西	五指毛桃、泽泻、穿心莲、天冬、罗汉果、金银花、杜仲、黄柏、厚朴、鸡血藤、菊花、广豆根	横州市、宾阳县、武鸣区、马山县、上林县、青秀区、西乡塘区、邕宁区、良庆区、柳江区、柳城县、三江县、融安县、融水县、灵川县、兴安县、全州县、永福县、阳朔县、平乐县、荔浦市、临桂区、资源县、龙胜县、灌阳县、恭城县、苍梧县、岑溪市、藤县、蒙山县、北流市、容县、陆川县、博白县、兴业县、昭平县、富川区、钟山县、平桂区、八步区、金城江区、宜州区、东兰县、巴马县、环江县、都安县、罗城县、南丹县、大化县、天峨县、浦北县、桂平市、平南县、覃塘区、武宣县、金秀县、象州县、忻城县、田东县、凌云县、乐业县、隆林县、西林县、田阳县、龙州县、大新县、德保县、靖西市、那坡县、天等县、大新县	72	680

（续）

省（自治区）	农产品	县（市、区、镇、乡）	数量（市、区、镇、乡）（个）	种植面积（万亩）
云南	魔芋、薏仁、工业大麻、天门、生姜、独定子、葛根、藏红花、灯盏花、大黄、铁皮石斛、金荞麦、前胡、玄参、紫丹参、酸木瓜、茯苓、黄芩、牡丹、勺药、三七、金银花、花椒、红大戟、马蹄香、菊花、红豆杉、龙胆草、续断、草乌、党参、当归、山药、蒜头果、天麻、天门冬、红花、附子、砂仁、万寿菊、美洲大蠊、半夏、金铁锁、山药、木香、重楼、天花粉、天冬、板蓝根、黄精、白及、银杏、石斛	耿马县、马龙区、罗平县、麒麟区、宣威市、富源县、沾益区、蒙自市、云县、马关县、昌宁县、丘北县、广南县、临翔区、腾冲市、施甸县、双柏县、元谋县、永胜县、文山县、华坪县、牟定县、南华县、姚安县、大姚县、永仁县、武定县、禄丰市、永德县、河口县	32	137.357
贵州	天椒、钩藤、太子参、薏苡仁、半夏、黄精、白及、花椒、艾纳香、何首乌、党参、茯苓、头花蓼、金银花、生姜	余庆、绥阳县、道真县等	40	600
陕西	黄姜、苦参、苍术、白术、荆芥、丹皮、甘草、艾蓝、海堂、前胡、桔梗、皂角、防风、勺药、元胡、鱼腥草、土荆芥、地丁草、西洋参、绞股蓝、金银花、五味子、山茱萸、蒲公英、板蓝根、连翘、瓜蒌、柴胡、葛根、猪苓、附子、天麻、黄芩、银杏、乌药、苍术、白及、艾草、大黄、黄芪、贝母、黄精、丹参、党参、金丝黄菊、七叶一枝花	陈仓区、凤翔县、麟游县、永寿县、武功县、耀州区、王益区、彬州市、印台区、商南县、洛南县、乾县、淳化县、宜君县、南郑区、城固县、洋县、平利县、山阳县、镇坪县、旬阳市、白河县、略阳县、镇巴县、佛坪县	25	98.15

（续）

省（自治区）	农产品	县（市、区、镇、乡）	数量（市、区、镇、乡）（个）	种植面积（万亩）
甘肃	当归、党参、黄芪、黄芩、甘草、柴胡、大黄、板蓝根、款冬花、半夏、桔梗、万寿菊、天南星、丹参、独活、羌活、苦参、南星、益母草、荆芥、红花、红芪、射干、蒲公英、急性子、白芷、薏苡、瓜苁子、牛膝、巨麦、大力子、南沙参、沙苑子、藿香、知母、决明子、紫苏、卢巴子、鸡冠花、皂角、连翘、地丁、生地、山药、王不留、蛇床子、银杏、连翘、金银花、枸杞	岷县、渭源县、临洮县、漳县、通渭县、武山县、古浪县、天祝藏族自治县、卓尼县、临潭县、舟曲县、永昌县、康乐县、临夏县、东乡区、合水县、宕昌县、武都区、康县、礼县、文县、华亭市、合水县、甘谷县、正宁县、秦州区、庆城县、镇原县、正宁县、秦安县、陇西川回族自治县、西和县、民乐县、两当县、成县、宁县、山丹区、景泰县、榆中县、华池县、环县、西峰区、甘州区、靖远县、玉门市、瓜州县、清水县、麦积区、平川区、嘉峪关市、永登县	54	463
宁夏	甘草、党参、柴胡、银柴胡、当归、秦艽、板蓝根、红花、黄芩、黄芪、麻黄草、枸杞	同心县、盐池县、海原县、隆德县、红寺堡区、西吉县、中宁县	6	40.062
合　计			538	2 992.763

注：附表1-2-1至附表1-2-6统计数据来源于各省域范围内中药材规模种植农户和合作社。

附表 1－2－2　各地中药材生产机械化关键环节
机械化水平情况（田间栽培类）

省 （自治区）	育苗机械化水平 （%）	播种机械化水平 （%）	移栽机械化水平 （%）	收获机械化水平 （%）	田间转运机械化 水平（%）
河北	3.77	61.54	4.90	51.41	29.89
山西	8.90	11.21	5.62	30.91	23.27
辽宁	2.58	30.96	2.73	54.68	62.95
安徽	6.29	33.83	5.01	35.93	41.17
江西	14.48	25.07	4.77	19.13	31.80
山东	11.68	3.80	4.00	29.62	84.46
河南	1.64	12.82	4.27	15.77	10.74
湖北	40.91	32.73	36.36	32.73	9.09
湖南	4.60	5.13	4.38	9.36	8.15
广西	0.21	0.81	1.40	—	1.37
云南	0.09	18.77	8.88	33.13	39.35
陕西	1.94	4.07	1.56	1.85	0.19
甘肃	9.25	8.05	4.61	29.13	8.72
宁夏	4.25	42.82	45.72	25.32	22.48
全国合计	6.54	11.06	6.34	18.43	12.62

附表 1-2-3　各地中药材生产机械化关键环节机械化水平情况（林间种植类）

省 （自治区）	施肥机械 化水平 （%）	中耕机械 化水平 （%）	修剪机械 化水平 （%）	植保机械 化水平 （%）	收获机械 化水平 （%）	园内转运 机械化 水平（%）
河北	35.26	41.73	6.01	31.29	0.26	—
山西	9.31	12.67	26.05	11.83	12.03	10.42
辽宁	0.79	0.20	98.88	0.59	1.07	98.88
江西	41.79	37.01	30.87	46.11	37.02	31.94
河南	8.52	20.77	60.35	50.76	25.20	52.75
湖北	31.67	45.00	66.67	70.83	20.83	9.17
湖南	15.17	13.70	11.94	12.16	6.66	9.09
广西	0.48	0.59	0.30	1.91	0.09	1.82
云南	3.17	5.48	8.07	49.86	2.02	3.17
陕西	2.66	12.54	0.69	11.21	0.40	0.09
甘肃	37.38	20.06	2.59	70.55	0.02	96.12
宁夏	43.18	73.93	—	70.06	—	—
全国合计	17.31	20.85	30.32	31.95	7.65	26.91

附表 1－2－4　全国中药材机械化生产技术装备需求情况（田间栽培类）

适宜机械化作业环节		现有机具数量（台、套）	估算还需要机具数量（台、套）	需求与应用占比（%）	需要程度（急需、较急、一般）	所需机具装备及基本作业性能描述（作业效率、技术规格等）
耕整地机械		9 218	5 634	61.12	急需	开沟机、旋耕机、深松犁、深松机、起垄机、起苗机、犁铧机、微耕机、铺膜机
种植施肥机械		11 200	19 915	177.81	急需	精量穴播流水线、点籽机、育苗机、取根机、起苗机、西洋参播种机、精密播种机、播种机、多功能播种机、种植机、小籽粒播种机、营养钵压制机、种根切段机、条播种机、桔梗专用播种机、穴播机、微垄施肥双膜穴播机、覆膜播种机、中药材撒播机、移栽机、党参苗移栽机、丹参扦插机、玫瑰苗移栽机、参苗移栽机、施肥机、长槽式中药根茎中药材流水线要求、栽苗机、鸭嘴式中药材移栽机、开沟施肥机。精量穴播流水播机作业效率高、成活率高，播种机作业效率5亩/小时以上，中药材撒播机作业效率、效率2亩/小时以上、秧苗、根茎、根茎移栽机作业效率、撒播宽度1～1.5米、1.5亩/小时以上
田间管理机械	中耕机械	82	152	185.37	急需	除草机、割草机
	修剪机械	465	101	21.72	一般	割草机、电动油锯
	植保机械	868	459	52.88	急需	高地隙喷雾机、三轮车带喷药机、机动喷雾器、无人机、植保打药机、风送式喷雾器、电动喷雾器、担架式喷雾器。无人机要求便于操作、作业效率100亩/小时以上
合计		1 415	712	50.32	急需	

（续）

适宜机械化作业环节	现有机具数量（台、套）	估算还需要机具数量（台、套）	需求与在用占比（%）	需要程度（急需、较急、一般）	所需机具装备及基本作业性能描述（作业效率、技术规格等）
收获机械	12 726	11 287	88.69	急需	中药材收获机（含根茎类）、采收机（如杭白菊）、挖掘机、抓机、收割机、拣拾机、起获机、采割晒布机、草抹机、采摘平台、五味子采摘机、花（蕾）采摘机、黄芩收割机、西洋参采摘机、丹参专用收获（割）机、桔梗专用收获机、百合专用收获（挖掘）机、采摘武器（花、茎）、秆收获机、甘草挖晒一体机、打捆机等。收获机要求专用、高效并确保药材品质，挖掘机需要振动链转式、叉齿式等多种结构，作业效率挖掘机要求3亩/小时以上、收获机要求5亩/小时以上
收获后处理机械	1 769	703	39.74	急需	中药材烘干机、根茎清洗机、脱毛机、烤炉、打籽机、包装机、冷库
农产品初加工机械	566	1 772	313.07	急需	药材切片机、石斛揉捻机、杭白菊分级机、加工机械、剥皮机、清洗机
农用搬运机械	7 917	3 270	41.31	急需	收获装载平台、电动三轮车、传送带、搬运机、多功能运输车、农用叉车、农用汽车、运输机、田间运转车、机械小三轮、小货车、装载机、捆搬运机械臂、捡拾装载车、履带式运输车、山地搬运车、轨道运输机。农用车要求运输量5吨、翻斗装卸、便于操作

（续）

适宜机械化作业环节	现有机具数量（台、套）	估算还需要机具数量（台、套）	需求与在用占比（%）	需要程度（急需、较急、一般）	所需机具装备及基本作业性能描述（作业效率、技术规格等）
农田基本建设机械	2	120	600	急需	铲车，作业效率要求2亩/小时以上
排灌机械	3 916	7	0.18	一般	滴灌带、喷灌机
设施农业设备	1 000				
动力机械	6 336	110	1.74	一般	拖拉机，其中大马力的需求量大
合计	56 065	43 530			

附表 1－2－5 全国中药材机械化生产技术装备需求（林间种植类）

适宜机械化作业环节		现有机具数量（台、套）	估算还需要机具数量（台、套）	需求与在用占比（%）	需要程度（急需、较急、一般）	所需机具装备及基本作业性能描述（作业效率、技术规格等）
耕整地机械		636	502	78.93	急需	开沟机、旋耕机、微耕机、起垄机、锄地机、深松机
施肥机械		6 159	8 837	143.48	急需	开沟施肥机、施肥机，要求能适宜山区作业，开沟深度 40 厘米，施肥深度 20~30 厘米，作业效率高
田间管理机械	中耕机械	5 097	11 183	219.40	急需	培土机、除草机、行林间除草机、微耕除草机、镂、小型除草机、深松浅旋一体机、田园管理机、铺布机，覆土机要求自走背负式或自走式，培土机要求自走。作业效率 3~5 亩/小时以上，除草机
	修剪机械	8 337	14 460	173.44	急需	电动剪枝机、割灌机、自走式修剪机、枸杞电动剪枝机，要求作业效率 5 亩/小时以上，电动修剪单次使用时间 8 小时以上
	植保机械	8 502	13 409	157.72	急需	风送式喷雾机、三轮车带喷药机、担架式喷雾器、无人机、机动喷雾机、诱虫灯、电动喷雾器、动力喷雾机、打药机、高地隙喷雾机。风送喷雾机水平射程 25~50 米，无人机作业要求续航能力强，作业效率 100 亩/小时以上
合计		21 936	39 052	178.02	急需	

（续）

适宜机械化作业环节	现有机具数量（台、套）	估算还需要机具数量（台、套）	需求与在用占比（%）	需要程度（急需、较急、一般）	所需机具装备及基本作业性能描述（作业效率、技术规格等）
收获机械	12 212	7 454	61.04	急需	采摘机、采摘升降平台、中药材收割机、挖葛机、收耔机、挖药机、药材收获机、挖掘机、收根机、枣收获机、黄精挖掘机、打捆机、刨药机。中药材采摘机、采摘升降平台、要求作业效率 2 亩/小时以上，配套功率 10 千瓦以上。中药材挖掘收集一体机，要求采挖深度达到 40 厘米以上。适用于深根类中药材的收获，作业效率 3～5 亩/小时以上
排灌机械	1 046	53 390	5 104.21	急需	水肥一体化设备、水泵、喷灌设备（雾化降温保湿）、增压泵、灌溉设备
运输机械	6 038	11 237	186.10	急需	田园搬运机、三轮车、轨道运输机、大中型拖拉机、多功能运输车、大马力拖拉机、叉车、装载机、搬运机、收获装载平台。田道搬运机要求作业速度 0.4 米/秒以上；轨道运输机要求作业效率 5 亩/小时以上，配套动力 36.8 千瓦以上，单轨功率 3.2 千瓦
加工机械	3	1 835	61 166.67	急需	药材烘干机、药材切片机、剥皮机、五味子烘干机
合计	48 030	122 307			

附表 1-2-6　各地部分农机企业中药材生产机械化产品情况

省 （自治区）	企业	市场保有量 （台、套）	生产机具
河北	安国市尚锐农业机械制造有限公司	6 000	振动式药材挖掘收获机、全链条式药材挖掘收获机、大链条式药材挖掘收获机、滚筒式药材挖掘收获机、马铃薯收获机、白术挖掘收获机、药材播种机、秧苗移植机
	安国市兴隆农业机械有限公司	7 300	链条式 50-200 马力中药材挖掘收获机、振动式 50-200 马力中药材挖掘收获机
	河北圣和农业机械有限公司	100 000	4U-170 型药材收获机、4U-180 型药材收获机、4U-200 型药材收获机、4UL-170 型药材收获机、4UL-180 型药材收获机、4UL-200 型药材收获机、3ZF-240 型中药材中耕追肥机、3ZF-300 型中药材中耕追肥机
山西	长治市孚斯特轴承制造有限公司	7 200	小籽粒播种机、电动小籽粒播种机、电动锄草机、中药材收获机
	新绛县银剑农机有限公司	91	黄芩播种机、远志播种机、半夏播种机
	万荣县益民农机制造有限公司	380	4UD-180 型薯类收获机、4UD-200 型薯类收获机
	襄汾县南贾镇连村兴农农业机械制造厂	1 300	农乐 4UB-120 型薯类中药材收获机
	襄汾县新城凤鸣农业机械制造厂	1 000	农乐 4UB-120 型薯类中药材收获机
辽宁	辽宁云帆机械制造有限公司	650	龙胆草播种机、中药材起获机
	本溪市盛丰农机制造有限公司	1 500	药材做畦机、人参做畦机
吉林	白山市隆鑫源农机制造有限公司	300	人参收获机、人参旋耕机
	吉林省领跑机械制造有限公司	300	人参收获机、人参整地机

（续）

省 （自治区）	企业	市场保有量 （台、套）	生产机具
浙江	磐安县金丰机械厂	—	烘干机
山东	威海佳润农业机械有限公司	1 500	丹参（西洋参）收获机
	荣成市佳鑫农业机械有限公司	50	丹参（西洋参）精密播种机
	威海市同方烘干供热设备厂	1 500	西洋参收获机
甘肃	定西市三牛农机制造有限责任公司	2 706	中药材根茎播种机、中药材根茎移栽机、药材挖掘机
	酒泉市铸陇机械制造有限责任公司	1 180	铺膜播种机（甘草、板蓝根）、2MBFK-1.4型旋耕全覆膜甘草播种机、4Y-1250型药材挖掘机
	酒泉市林德机械制造有限责任公司	5	4UY-20型甘草挖掘机
	武威兴东机械有限责任公司	20	4Y-140型中药材挖掘机
	武威市谢河银武机械制造有限责任公司	30	4Y-1000型中药材挖掘机
	庆阳市布谷鸟机械制造有限公司	100	药材收获机
	张掖市红锋机械有限责任公司	120	药材薯类挖掘机
	白银帝尧农业机械制造有限责任公司	—	枸杞开沟施肥、除草机
宁夏	宁夏智源农业装备有限公司	200	中药材收获机
	宁夏塞上阳光太阳能有限公司	200	枸杞清洗机

2020 年全国热带作物生产机械化技术装备需求调查与分析

一、调查背景

根据全国热带作物生产分布情况，在福建、江西、湖南、广东、广西、海南、四川、云南等 8 个热带作物主产区省份，针对田间栽培类中药材的育苗、种植（播种、移栽）、收获、田间转运等 4 个生产机械化关键环节，以及林间种植类中药材的施肥（开沟、水肥一体化）、中耕（培土、除草）、修剪、植保、收获（含采摘平台）、园内转运等 6 个生产机械化关键环节，开展相关技术与装备现状和需求调查。调查机具类型重点在专用机具方面，与粮食作物机械化生产通用的机具不在需求调查范围内。

调查对象包括需求方和供给方。其中需求方为各省域范围内热带作物规模种植农户或合作社，重点调查现有种植规模、机械化生产规模、机具类型与数量、存在的问题与建议，以及急需的机具类型、数量、基本性能要求、需求程度等。供给方为各省域范围内热带作物机械化机具生产企业、科研单位，重点调查各生产企业主要类型机具市场保有量、产品规格：依据标准和鉴定情况等。

各有关省级农机推广站安排专人组成调查工作组，设计细化调查表，统一调查方法和调查要求，组织指导各地市级和县级农机推广站开展调查工作。调查人员采取座谈会、实地走访、函询等方式，按照调查表的内容，对需求方和供给方开展调查。

二、调查成果

通过对各地上报的需求调查表进行汇总分析，形成全国需求目录，从种植面积、区域、数量、生产环节、机具性能、热带作物机具产品及研发等方面反映出需求情况。

（一）种植面积及区域分布情况

全国热带作物规模种植主要集中在 8 个省（自治区）的 220 个市（县、

市、区），面积共计 4 468.42 万亩，各省份热带作物种植面积及区域分布详见附表 1-3-1。种植面积方面，超过 500 万亩的省份有 4 个，分别是广西、海南、四川和云南，其中广西、海南两省种植面积均超过了 1 000 万亩，如图 1-3-1。区域分布方面，广西和四川规模种植县（市、区）数超过 40 个，其中广西规模种植县（市、区）数高达 95 个，如图 1-3-2。

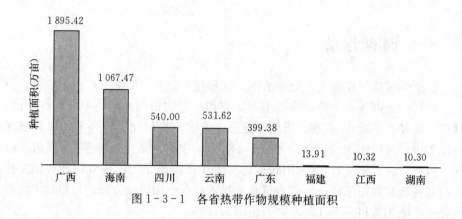

图 1-3-1 各省热带作物规模种植面积

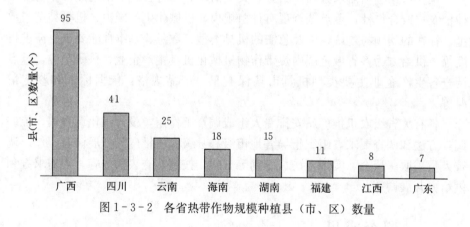

图 1-3-2 各省热带作物规模种植县（市、区）数量

（二）关键环节机具使用情况

本次调查，对热带作物生产机械化关键环节的现有机具情况进行了调查，包括田间栽培类热带作物的育苗、种植（播种、移栽）、收获、田间转运等关键环节和林间种植类中药材的施肥、中耕、修剪、植保、收获、园内转运等。我国热带作物生产机械化主要环节的现有机具情况调查结果详见附表 1-3-2 和附表 1-3-3。

热带作物机械是我国农业机械的重要分支，由于热带作物种类多种多样，因此与之对应的热带作物机械种类也多种多样，主要机具类型包括播种、田间管理、收割（获）、运输、加工等多种机械。我国热带作物受单一作物种植面积小、作物特殊、多种植于丘陵山地、管理环节多、作业工艺复杂等因素限制，综合机械化水平整体较低。调查发现，在热带作物加工方面，由于热带农产品加工机械起步早、总体发展比较好，如天然橡胶初加工装备、剑麻初加工装备、木薯初加工装备、咖啡加工装备、胡椒加工装备、腰果及坚果加工装备等已形成体系，在国内得到普遍应用，部分装备产品出口东盟、非洲、拉美等国际市场；在热带作物田间作业方面，耕作条件较恶劣（丘陵、山地）的产区，基本上仍停留在全面依赖人畜作业的原始生产阶段，即使在耕作条件较好的产区，也仅在耕整地环节有实际应用农机，在种植、管理、收获和秸秆处理等主要环节，仍然普遍存在"无机可用"的问题。

因此，现阶段来看，我国热带作物机械发展的最大特点就是各类型机械发展的不平衡性，很多作业机械国内没有、国外也没有，即使采用现代农业经营模式的企业也无法从市场上购置到急需的农机装备。

（三）关键环节机具需求情况

此次调查，热带作物机械化生产各个关键环节机具缺口都较大，并且需求紧迫。各地根据生产实际提出了热带作物生产机械化急需机具约 32.12 万台（套），关键环节机具需求情况详见附表 1-3-3。

1. **关键环节所需机具缺口情况**　对于田间栽培类中药材，其生产机械化关键环节中种植施肥、收获、运输环节机具缺口较大，用户急需，其中需要种植施肥机械 0.49 万台、收获机械 0.35 万台、农用运输机械 0.19 万台。

对于林间种植类中药材，其生产机械化关键环节中施肥、田间管理、收获、排灌、运输环节机具缺口较大，用户急需，其中需要施肥机械 1.16 万台、田间管理机械 11.63 万台 [其中，中耕机械 4.67 万台（套），修剪机械 3.53 万台，植保机械 3.43 万台]、收获机械 13.22 万台、排灌机械 3.30 万台（套）、农用运输机械 1.54 万台。

2. **关键环节所需机具装备情况**　本次调查，掌握了热带作物生产机械化关键环节急需机具的种类和主要性能需求情况，各关键环节所需机具装备及其基本性能描述详见附表 1-3-4。通过对调查结果分析，结合我国热带作物种植和生产实际，各关键环节所需机具呈现的特点见表 1-3-1。

表 1-3-1　热带作物生产机械化关键环节所需机具装备特点

类别	关键环节	所需机具装备特点
田间栽培类	育苗	营养袋扦插育苗设备、育苗机需求量大,要求育苗机作业效率 3 亩/小时以上
	种植(播种、移栽)	甘蔗种植机需求量大,要求作业效率 3 亩/小时以上 自走式移栽机械需求量大,要求作业效率 2 亩/小时以上
	收获	自走式收获(采摘)机械,结构要求为自走式,要求作业效率 3 亩/小时以上
	田间转运	田园转运机、农用装载机需求量大
林间种植类	施肥	开沟施肥一体机、施肥机需求量大,其中开沟施肥一体机要求作业效率 1.5 亩/小时以上,配套功率 4 千瓦
	中耕	培土机、除草机需求量大
	修剪	电动修剪机、割草机、割灌机需求量大 电动修剪机要求重量轻、操作灵活、剪枝效率高、安全可靠,手柄长短伸缩可调、修剪头可调角度、最大剪切直径≥25 毫米、单次使用时长 2~3 小时 割草机要求作业效率 2.5 亩/小时以上,结构为乘坐式或悬挂式,采用回转式割刀
	植保	水肥一体化设备、风送式喷雾机、机动喷雾器、无人机需求量大 水肥一体化设备要求作业效率 30~50 亩/小时,配套功率 15~20 千瓦;无人机作业要求续航能力强,承重量大,山地避障高度适应性能好
	收获	电动割胶刀、槟榔采摘设备、椰子采摘设备、采摘升降平台、果园作业平台需求量大 电动割胶刀要求作业效率 2 亩/小时以上;槟榔采摘设备和椰子采摘设备要求作业效率 1 亩/小时以上,要求配置长杆及切割器 果园作业平台要求载重量大于 12 千克,举升高度≥2.5 米,平台展开宽度约 3.0 米,可以满足多角度果实采摘需求
	园内转运	轨道运输车、田间转运车、田园搬运机需求量大,其中田园转运机要求自走式,作业效率 1.5 亩/小时以上

（四）热带作物生产机械产品情况及研发方向

通过调查，热带作物主产区共有热带作物机械生产企业及科研单位 10 余家，产品约 80 种，主要包括甘蔗、木薯、橡胶等热带作物种植施肥机械、田间管理机械、收获机械和运输机械，其中甘蔗生产机械、轨道运输机等 20 余个产品进行农业机械推广鉴定或农业机械专项鉴定，产品规格主要依据企标、地方标准或行业标准。全国部分农机企业热带作物生产机械化产品情况详见附表 1-3-4。

目前，随着热带农业生产的发展需要，热带作物机械类型已从传统的天然橡胶初加工机械和剑麻加工机械扩展到木薯、菠萝、甘蔗生产机械和咖啡、椰子、胡椒生产机械，热带水果种植、果树管理及加工等各个方面。近年来，国家科研单位通过重点研发计划和产业技术体系，企业通过加大研发力度，在热带作物机械的研制方面取得了一些成绩，但由于我国热作品种多样、种植情况碎片化、农艺与农机融合较差、专用机具种类少等，整体机械化水平较低，与产业发展需求仍不相适应。结合企业调查，我国热带作物机械化要向以下四个方面发展：

1. **加快耕地整理工作** 按照热带作物优势产区的布局，产区地方政府政策引导，建立耕地整理政策机制，通过市场化手段，将零碎耕地适当集中、平整，规划机耕通道，为实施机械化创造基本条件。

2. **加强热带作物农机农艺融合研究** 针对作业机组无法下地的问题，根据不同产区、不同耕地条件、不同气候类型，根据机械化的技术方案，研究适宜机械化的热带作物种植和管理模式，切实推进农机农艺融合。

3. **加大关键装备技术研发力度，进一步解决"无机可用"问题** 研发适应热作区多丘陵山地的复杂地形，适应天然橡胶、木薯、香蕉等高秆、高密度种植模式的农机作业动力平台；加强对无性系作物种茎如甘蔗、香蕉、象草等的机械种植技术，组培苗、砧木苗、吸芽苗或托芽苗机械种植技术的研究，开发适用的种植机械；在超高作物如椰子、槟榔、油棕等果实采收机械化技术方面进行大胆探索。

4. **加快先进热带作物全程机械化新技术应用** 推进机械化基础较好的热带作物全程机械化技术集成与示范，在海南、广西、广东典型产区建立橡胶、木薯、菠萝全程机械化装备系列试验示范基地，贯通农艺、栽培、施肥、病虫害防治、秸秆处理、收获等技术，开展体系化技术融合试验验证，不断提升和优化技术与装备水平，形成应用模式，以点带面，稳步扩大技术推广面积。

附表1-3-1 各地热带作物规模种植情况

附表1-3-2 全国热带作物机械化生产技术装备需求情况（田间栽培类）

附表1-3-3 全国热带作物机械化生产技术装备需求情况（林间种植类）

附表1-3-4 各地部分农机企业热带作物生产机械化产品情况

附表 1-3-1　各地热带作物规模种植情况

省（自治区）	农产品	县（市、区）	县（市、区）数量（个）	种植面积（万亩）
江西	火龙果、速生构树、油茶、百香果、芝果、杨梅、脐橙	湘东区、余江区、宁都县、修水县、竹坪乡、杭口镇、何市镇、安义县	8	10.319
福建	枇杷、火龙果、百香果	福清市、城厢区、仙游县、荔城区、长泰县、南靖县、漳浦县、永定区、新罗区、武平县、平和县	11	13.911
湖南	苎麻	沅江市、汉寿县、南县、华容县、君山区、丘陵区、浏阳市、茶陵县、攸县、宜章县、慈利县、永定区、永顺县、凤凰县、安化县	15	10.3
广东	甘蔗、荔枝、龙眼、番石榴、杧果、粉蕉	清城区、英德市、增城区、从化区、花都区、饶平县、中山市	7	399.376
广西	甘蔗、柑橘、荔枝龙眼、杧果、火龙果	横州市、宾阳县、武鸣县、马山县、青秀区、西乡塘区、邕宁区、兴宁区、江南区、良庆区、上林县、柳江区、柳城县、鹿寨县、三江县、融安县、融水县、灵川县、兴安县、全州县、永福县、阳朔县、平乐县、荔浦市、临桂区、资源县、龙胜县、恭城县、灌阳县、苍梧县、岑溪市、藤县、蒙山县、合浦县、铁山港区、浦北县、灵山县、钦南区、钦北区、北流市、容县、陆川县、博白县、兴业县、玉州区、福绵区、昭平县、富川县、钟山县、平桂区、八步区、金城江区、宜州区、环江县、罗城县、南丹县、大化县、东兰县、巴马县、都安县、凤山县、天峨县、桂平市、平南县、覃塘区、港南区、港北区、兴宾区、武宣县、金秀县、象州县、忻城县、合山市、凌云县、乐业县、隆林县、西林县、田阳县、田东县、田林县、德保县、靖西市、那坡县、平果市、右江区、江州区、天等县、龙州县、大新县、凭祥市、宁明县、上思县、东兴市、防城区、港口区	95	1 895.42

（续）

省 （自治区）	农产品	县（市、区）	县（市、区） 数量（个）	种植面积 （万亩）
海南	菠萝、橡胶、槟榔、椰子、胡椒	海口市、三亚市、五指山市、文昌市、琼海市、定安县、澄迈县等	18	1 067.47
四川	杧果、荔枝、龙眼	西昌市、德昌县、会理市、会东县、宁南县、布拖县、金阳县、雷波县、攀枝花市东区、攀枝花市市西区、仁和区、米易县、盐边县、江阳区、纳溪区、龙马潭区、泸县、合江县、叙永县、古蔺县、叙州区、江安县、长宁县、高县、屏山县、珙县、翠屏区、南溪区、荣县、富顺县、贡井区、内江市市中区、内江市东兴区、威远县、资中县、隆昌市、乐山市市中区、犍为县	41	540
云南	咖啡、甘蔗、杧果、香蕉、荔枝、火龙果、枇杷、菠萝、人参果、柑橘、澳洲坚果	临翔区、双江拉祜族佤族布朗族傣族自治县、云县、隆阳区、昌宁县、龙陵县、西畴县、镇康县、昆明市、昭通市、曲靖市、玉溪市、保山市、楚雄州、红河州、文山州、普洱市、版纳州、大理州、德宏州、丽江市、怒江州、迪庆州、临沧市、永德县	25	531.62
合　计			220	4 468.416

注：附表1-3-1至附表1-3-4数据来源于各省域范围内热带作物规模种植农户和合作社。

附表 1-3-2　全国热带作物机械化生产技术装备需求（田间栽培类）

适宜机械化作业环节		现有机具数量（台、套）	估算还需要机具数量（台、套）	需求与在用占比（%）	需要程度（急需、较急、一般）	所需机具装备及基本作业性能描述（作业效率、技术规格等）
耕整地机械		327	284	86.85	急需	开沟机、旋耕机、田间捡石机、深松机等。其中，深松机要求作业效率5亩/小时以上
种植施肥机械		127	4 905	3 862.20	急需	营养袋扦插育苗设备、育苗机、甘蔗种植机、精量播种机、移栽机械、施肥机、开沟施肥一体机等。其中，甘蔗育苗机、甘蔗种植机要求作业效率2亩/小时以上；自走式移栽机械需求量大，要求作业效率3亩/小时以上
田间管理机械	中耕机械	80	95	118.75	急需	培土机、除草机等
	修剪机械	225	585	260.00	急需	割草机、割灌机等
	植保机械	14	641	4 578.57	急需	植保机、行走式喷药机、风送式喷雾机喷雾机、无人打药机、无人机等
	合计	319	1 321	414.11		
收获机械		171	3 498	2 045.61	急需	打顶机、甘蔗收获机、收获（采摘）机械、收割机等。甘蔗收获自走式，结构要求自走式，作业效率3亩/小时以上。自走式收获（采摘）
排灌机械		—	80	—	急需	节水灌溉设备等
运输机械		6 694	1 934	28.89	一般	三轮车、田间转运机、运输车、轨道运输机、收获装载平台、袋装单排、卸料机、农用装载机、履带输送机等
合计		7 638	12 022			

附表 1-3-3 全国热带作物机械化生产技术装备需求（林间种植类）

适宜机械化作业环节		现有机具数量（台、套）	估算还需要机具数量（台、套）	需求与占用占比（%）	需要程度（急需、较一般）	所需机具装备及基本作业性能描述（作业效率、技术规格等）
耕整地机械		249	808	324.50	急需	开沟机、微耕机、微型耙地机、挖坑机等。其中，挖坑机深度要求60~80厘米
施肥机械		4 212	11 561	274.48	急需	开沟施肥一体机。多功能施肥器、施肥机等。开沟施肥一体机要求作业效率1.5亩/小时以上，配套功率4千瓦
田间管理机械	中耕机械	43 851	46 692	106.48	急需	培土机、除草机等
	修剪机械	40 868	35 338	86.47	急需	电动修剪机、割灌机、割草机等。其中，电动修剪机要求重量轻，操作灵活，剪枝效率高，安全可靠，最大剪切直径≥25毫米，单次使用时长2~3小时；割草机要求作业效率2.5亩/小时以上，结构为乘坐式或悬挂式，采用回转式割刀
	植保机械	54 027	34 338	63.56	急需	电动打药机、风送式喷雾机、机动喷雾器、无人机、打药机、弥雾打药机等。其中，无人机作业要求续航能力强，承重量大，山地避障高度适应性能好
	合计	94 895	116 368	122.63	急需	
收获机械		148 030	132 150	89.27	急需	电动割胶刀、槟榔采摘设备、椰子采摘设备等。其中，电动割胶刀要求作业效率1亩/小时以上，椰子采摘升降平台、采摘机、采摘升降平台。其园作业平台和椰子采摘设备、核桃采摘设备要求作业效率2亩/小时以上；核桃采摘设备和椰子采摘设备、果园采摘平台要求装载重量大于12千克，要求配置长杆及切割器；果园作业平台长宽度约3.0米，平台展开宽度≥2.5米，举升高度≥3.0米，可以满足多角度果实采摘需求
排灌机械		86 012	32 958	38.32	急需	水肥一体化设备、抽水机等。其中，水肥一体化设备要求作业效率30~50亩/小时，配套功率15~20千瓦
运输机械		34 003	15 396	45.28	急需	轨道运输车、田间转运车、农用运输车、田园搬运车等。其中，田园转运车要求自走式，作业效率1.5亩/小时以上
合计		411 252	309 241			

附表 1 - 3 - 4 各地部分农机企业热带作物生产机械化产品情况

省 （自治区）	企业	市场保有量 （台、套）	生产机具
湖南	隆回县常鑫农机有限公司	705	28F - 70 - 1 型、28F - 60 - 5 型、28F - 70 - 8 型、28F - 70 - 3 型烘烤设备
广东	广东振声智能装备有限公司	590	7SYQS - 300 A 型双轨山地果园运输机、7SYZDLI - 200 型山地果园自走式电动单轨运输机、7SYZDQ - 300 型山地果园自走式汽油单轨运输机
广西	广西保利丰农业发展有限公司	113	甘蔗种植机械、甘蔗培土机械
	广西柳工农业机械股份有限公司	543	4GQ - 350 型甘蔗收获机、4GQ - 180 型甘蔗收获机、4GQ - 1A 型甘蔗收获机、4GQ - 1B 型甘蔗收获机、4GQ - 1C 型甘蔗收获机、4GQ - 1D 型甘蔗收获机、4GQ - 1E 型甘蔗收获机、4GQ - 1H 型甘蔗收获机、4GQ - 1J 型甘蔗收获机、7YGZ - 1 型甘蔗田间收集搬运机、7YGZ - 1 A 型甘蔗田间收集搬运机
	广西双高农机有限公司	460	甘蔗种植机
	桂林高新区科丰机械有限责任公司	9 380	甘蔗割铺机
	柳州广鹏农机制造有限公司	353	4GP - 1 型甘蔗割铺机、甘蔗履带割铺机、GP - 350 - QYS 型脱叶机牵引式、GP - 350 - ZZS 型脱叶机自走式
	南宁市桂发农机制造有限公司	—	甘蔗割铺机、甘蔗剥叶机、果园开沟机、甘蔗施肥机（以上均为新研发机具未量产）
海南	海南农垦烨运宏实业有限公司	235	绉片机、双辊压薄机、撕粒机、碎胶机、螺杆破碎机、洗涤机、干燥设备、液压打包机

（续）

省 （自治区）	企业	市场保有量 （台、套）	生产机具
海南	中国热带农业科学院农业机械研究所	—	2CM-2型垄作式木薯种植机、2CMY-2型预切种式木薯种植机、4JMD-180型多辊仿垄形木薯茎秆粉碎还田机、4JMS-150型木薯茎秆粉碎收集机、4JML-130型履带式木薯茎秆粉碎收集机、4JMG-190型自走式木薯茎叶粉碎收割机、4UMS-140型木薯收获机、4UMG-140型拨辊轮式木薯收获机、4UML-130型振动链式、4JMC-140型侧输出式木薯联合收获机、4UY-180型履带式木薯收获田间转运车、高地隙履带自走式菠萝采收机、菠萝种植机、2CZD-4型甘蔗种植机、2CZD-2A甘蔗种植机、1GYF-240A型甘蔗叶粉碎还田机、1GYF-240DR型甘蔗叶粉碎还田机、3ZSP-2A型甘蔗中耕施肥机、3ZSP-2B型甘蔗中耕施肥机、2CLF-1型宿根蔗平茬施肥覆膜机、3FJS-150型胶园双辊粉碎还田机、3FJS-200型双辊粉碎还田机、3FJD-90型立式单辊除草机、3FJD-90型卧式单辊除草机、3FJD-150型卧式单辊除草机、3FJB-120型避让除草机、2FJ-90型胶园开沟施肥机、2FJ-150型胶园开沟施肥机、3F-400型高扬程喷粉机、CDJ-355型多功能电动除草机、L-28型多功能小型胶园遥控作业机、3FJL-100型小型胶园除草机、1GL-100型小型胶园旋耕机、1QL-1型小型胶园起垄机、HTL-100型小型胶园回填土机、12KL-30型小型胶园开沟机、3WJL-7型小型胶园喷药机、2FL-20型小型胶园施肥机、FL-10型小型胶园树枝粉碎机、7YL-500型小型胶园运输平台（以上均为新研发机具未量产）

第二部分

各地茶叶、中药材、热带作物生产机械化技术装备需求调查与分析

河北省中药材生产机械化技术
装备需求调查与分析

一、产业发展现状

河北省根据道地中药材资源分布，着力打造"两带三区"，即燕山产业带、太行山产业带、冀中平原产区、冀南平原产区和坝上高原产区，优势产区总规模发展达到 100 万亩左右。河北省积极适应健康养生消费升级需求，指导发展山药、山楂、枸杞、黄芪等药食同源、菜药两用品种，推进规模化、标准化、专业化种植，培育形成产业新优势。

（一）太行山中药材产业带

主要包括涉县、武安县、峰峰矿区、内丘县、邢台县、灵寿县、行唐县、井陉县、涞源县和阜平县等 10 个县（区），发展柴胡、连翘、酸枣、王不留行、知母、丹参、紫苏、皂角等品种，重点打造邢台百里酸枣产业带，带动贫困地区脱贫致富，种植面积由 25 万亩发展到 27 万亩。

（二）燕山中药材产业带

主要包括滦平县、隆化县、宽城县、平泉市、兴隆县、承德县、蔚县、赤城县、尚义县和青龙县等 10 个县（市），发展黄芩、黄芪、金莲花、北苍术、防风、款冬花、桔梗、苦参、枸杞、黄檗等品种，持续打造滦平燕山中药材核心示范区，树立贫困地区脱贫致富的样板，种植面积由 38 万亩发展到 40 万亩。

（三）冀中平原产区

以安国市为中心，重点发展安国市八大祁药（祁花粉、祁沙参、祁菊花、祁紫菀、祁白芷、祁山药、祁荆芥、祁薏米），种植面积由 10 万亩发展到 11 万亩。

（四）冀南平原产区

以巨鹿县为中心，重点发展金银花和枸杞，打造全国最大的金银花种植基地和集散中心，种植面积由 9 万亩发展到 10 万亩。

（五）坝上高原产区

主要包括沽源县、康保县、丰宁县和围场县等 4 个县，重点发展黄芩、黄芪、金莲花、北苍术、防风、板蓝根等品种，面积由 12 万亩发展到 13 万亩。

二、机械化发展现状

在农业机械化进程中，中药材作为新兴小规模种植经济作物，其机械化作业水平远远落后于传统农业。除少数中药材品种（防风、柴胡、知母等）借助于传统作物生产机械改装已初步实现种植、田间管理、收获机械化外，绝大多数中药材生产还主要依靠大量人工作业完成。由于中药材种植面积分散，成方连片的少，所以机械化应用受到一定的限制。

目前田间栽培类中药材的育苗与田间转运均未实现机械化。田间栽培环节有部分小型播种机用于小籽粒播种，因药材种类繁多、品种不同，种子及秧苗大小各不相同，播种深浅、栽培要求也不同，所以药材种植机械应用不多；需要秧苗移栽的品种，部分采用机械开沟，辅以人工栽植。根茎类收获相对机械化应用较多，但由于根茎类收获要求高，存在机械效率低的问题，一般情况下一台大马力拖拉机带晃筛每小时只能收获 0.7 亩左右。

林间种植类中药材如金银花，因为种植面积小，各个环节机械化程度均很低，只有中耕有部分旋耕及除草机械应用。

现有的药材收获机械，多为小型企业生产研发，还有一些是通过改进其他类型产品而成，如将红薯收获机、花生收获机等改造成瓜蒌收获机、南星收获机等，虽然这些产品没有农机补贴，但是由于市场有需求，仍然呈热销状况，产品销往内蒙古自治区、辽宁、吉林、黑龙江、山东、山西、甘肃、宁夏等地。

三、机械化发展方向和工作措施

（一）制约因素及存在的主要问题

一是中药材种植规模化、标准化程度较低，制约了农机新机具、新技术的推广；二是一些中药材种植主要分布在丘陵、山区，能适宜机械化作业的场地有限且土壤层较薄；三是政策拉动不明显，一些小型和中药材专用机械还未列入农机补贴目录；四是有关企业对中草药生产机具研发能力不足，适宜中药材种植、收获、烘干的专用机具严重不足。

（二）对策及措施

一是鼓励土地流转，提高种植规模，发挥机械作业的效率，节本增效。二是深入了解各种药材种植及收获的详细情况，生产适应面宽的作业机械，尤其是可以更直观、更宽幅调节播种深浅的播种机具和适宜收获各类深浅土层的收获机具，从而提升药材种植机械化水平。研发推广精准作业机械，加快互联网＋技术、卫星导航技术和农用无人机的应用，提高土地利用率，增加单位面积产量。三是针对中药材种植、收获机械的市场容量小、品类多的现状，为了迅速实现中药材田间生产环节机械化装备的市场化，建议可筛选部分有技术实力、生产实力的自主研发型生产企业进行物质化奖励，促使生产出品种更多、性能更好的中药材种植、收获机械。

附表 2-1-1　河北省中药材机械化生产技术装备需求情况（林间种植类）
附表 2-1-2　河北省中药材机械化生产技术装备需求情况（田间栽培类）

附表 2-1-1 河北省中药材机械化生产技术 装备需求情况（林间种植类）

适宜机械化 作业环节		现有机具数量 （台、套）	估算还需要机具 数量（台、套）	所需机具装备基本作业性能描述 （作业效率、技术规格等）
耕整地机械		10	6	旋耕机（大功率）
施肥机械		366	5	开沟施肥机
田间 管理 机械	中耕机械	477	17	除草机、培土机
	修剪机械	45	25	电动剪枝机
	植保机械	329	9	风送式喷雾机、无人机
	合计	851	51	
收获机械		10	79	刨药机（小型）、采摘机
排灌机械		9	—	
运输机械		1	—	
合计		1 247	141	

附表 2-1-2　河北省中药材机械化生产技术装备需求情况（田间栽培类）

适宜机械化作业环节		现有机具数量（台、套）	估算还需要机具数量（台、套）	所需机具装备基本作业性能描述（作业效率、技术规格等）
耕整地机械		844	400	开沟机（作业效率 3 亩/小时以上，开沟深度 1.2 米）
种植施肥机械	育苗机械	8	4	点籽机（作业效率 5 亩/小时以上）、精量穴播流水线
	播种机械	767	98	精密播种机（多功能、作业效率 4~10 亩/小时）、大型播种机（作业效率 75 亩/小时以上）、小粒种子播种机（小型，作业效率 6 亩/小时以上）等
	栽植机械	15	128	秧苗移栽机（自走式，多功能，作业效率 1~3 亩/小时）
	合计	790	230	
收获机械		993	632	根茎类收获机（高效、大型、耕作深度大）、捡拾机（作业效率 25 亩/小时以上）、种子收获机（大型、作业效率 5 亩/小时以上）、割晒机（小型，作业效率 5 亩/小时以上）、收割机（作业效率 25 亩/小时以上）等
运输机械		1	16	农用叉车、收获装载平台、农用运输车（装载量 5 吨以上）
合计		2 628	1 278	

山西省中药材生产机械化技术装备
需求调查与分析

一、山西省中药材生产发展现状

山西省位于黄土高原，属温带大陆性季风气候区。地形地貌复杂，山区较多，昼夜温差大。独特的地理环境和气候孕育着数量较多的各类中药材资源。全省中药材种植面积约110万亩，年产量28万吨，年收入可达30亿元。根据各市调查统计，目前全省盛产的药材有连翘、丹参、柴胡、黄芪、黄芩、板蓝根、党参、远志等，其他品种的中药材种植面积较小。

二、机械化发展现状

山西省中药材种植种类繁多，面积分布不均，经营分散，作业方式以传统人工作业为主。中药材生产综合机械化水平还不足20%。

田间栽培类药材机械化生产的主要环节为育苗、种植、收获、田间转运4个。板蓝根调查涉及盐湖区、稷山县等8个区县，种植面积3.78万亩，现有各种机械化生产设备89台，其中种植设备65台、收获设备22台、田间转运设备2台；黄芩调查涉及襄汾县、稷山县等26个县，种植面积13.71万亩，现有各种机械化生产设备1 231台，其中育苗设备1台、种植设备677台、收获设备310台、田间转运设备243台；丹参调查涉及翼城县、平陆县等7个县，种植面积2.2万亩，现有各种机械化生产设备86台，其中种植设备5台、收获设备41台、田间转运设备40台；生地调查涉及尧都区、河津市等5个县，种植面积0.44万亩，现有各种机械化生产设备99台，其中种植设备1台、收获设备46台、田间转运设备52台；黄芪调查涉及永济市、阳曲县等15个县，种植面积4.19万亩，现有各种机械化生产设备207台，其中育苗设备2台、种植设备46台、收获设备110台、田间转运设备49台；苍术调查涉及平陆县、阳曲县等4个县，种植面积0.12万亩，现有各种机械化生产设备9台，均为收获设备；半夏调查涉及垣曲县、新绛县等3个县，种植面积2.4万亩，现有各种机械化生产设备767台，其中种植设备501台、收获设备16台、田间转运设备250台；远志调查涉及闻喜县、稷山县等17个县，种植面积8.75万亩，现有各种机械化生产设备1 185台，其中种植设备708台、收获设备294台、田间转运设备183台；菊花调查涉及芮城县、平陆县2个县，种植面积0.06万亩，现有各种机械化生产设备0台；艾叶调查涉及平陆县、盐湖区2个县，种植面积0.21万亩，现有各种机械化生产设备7台，其中育苗设备2台、收获设备5台；金银花调查涉及平陆县、原平市等3个县市，种植面积0.2万亩，现有各种机械化生产设备41台，其中种植设备26台、收获设备15台；芍药调查涉及平陆县，种植面积0.04万亩，现有各种机械化生产设备14台，其中种植设备5台、收获设备9台；党参调查涉及壶关县、平顺县等4个县，种植面积0.65万亩，现有各种机械化生产设备33台，其中种植设备22台、收获设备6台、田间转运设备5台；紫苏调查涉及沁水县、盂县2个县，种植面积0.09万亩，现有各种机械化生产设备35台，其中种植设备32台、收获设备1台、田间转运设备2台。

林间种植类药材机械化生产主要环节是：施肥、中耕、修剪、植保、收获、田间转运6个环节。连翘调查涉及壶关县、榆次区等17个区县，种植面积16万亩，现有各种机械化生产设备322台，其中中耕设备195台、修剪设备6台、植保设备70台、收获设备1台、田间转运设备50台；柴胡调查涉及代县、闻喜县等29个县，种植面积20万亩，现有各种机械化生产设备1 342台，其中施肥设备32台、中耕设备176台、修剪设备64台、植保设备52台、收获设备85台、田间转运设备933台；射干调查涉及平陆县、永济市等4个县，种植面积0.02万亩，现有各种机械化生产设备3台，其中植保设备1台、收获设备2台。

近几年，山西省各级农机部门争取项目资金和扶贫资金，积极开展中药材机械化生产技术试验示范推广工作，2020年山西省分别在万荣、陵川县建立中药材生产机械化示范区，在推进中药材机械化方面做了一些积极的探索，积累不少的经验，主要包括：一是通过应用小籽粒精量穴播技术实现了黄芩直播，减少了黄芩移栽作业环节，大大提高了生产效率、降低了作业成本。二是黄芩种植除中耕除草环节外，耕整、播种、收获环节均有了机械化解决方案。三是引进了耕整地机械、小籽粒精播机、收获机等多种装备，示范推广中药材机械化技术，有效推动了该省中药材规模化生产。

山西省中药材机械化生产装备生产企业有长治市孚斯特轴承制造有限公司等5家。其中，孚斯特公司是一家专门生产中药材装备的企业，主要产品有药材收获机、小籽粒药材播种机等，药材收获机年生产量100多台，小籽粒药材播种机年生产量40多台，并且研制出了板蓝根撒播机、小籽粒精量穴播机、乘坐式中耕除草机等适合中药材机械化生产的装备。新绛银剑农机有限公司以生产播种机为主，年生产量220台左右。万荣益民农机制造有限公司具备自主研发生产中药材收获机的能力，年生产销售收获机 300 余台，已研发完成的 4UD－180 A 型薯类、中药材收获机有效提高了收获作业效率。襄汾兴农农业机械制造厂以生产薯类中药材收获机为主，年生产量达 200 台（套），目前市场保有量达 1 300 台（套）。襄汾新城凤鸣机械制造厂生产的 4U－120（170）型薯类中药材收获机，已通过推广鉴定，年生产量达 100 台（套），目前市场保有量达 1 000 台（套）。

三、机械化发展方向和工作措施

（一）存在的问题

近两年，通过参与农业农村部组织开展的中药材生产机械化技术与装备需求调查工作，发现山西省中药材生产因受条件所限，机械化技术程度不高，除耕整环节具备一定的机械化水平外，播种与收获环节机械化水平都较低。主要存在以下问题：

1. 部分中药材品种除草环节机械化尚未解决　黄芩、党参、远志行距较小，无法使用机械进行作业，容易伤根。如扩大行距，农民又担心减产。因此，需要农机、农艺融合，改变栽培模式，加以解决。

2. 部分中药材品种的育苗和移栽没有实现机械化　党参受籽粒小、播种深度浅、覆土薄、不易生根发芽等因素影响，机械直播难以成活，目前育苗方式仍为人工撒播。党参苗移栽为横躺或斜插，目前尚未找到理想的配套作业机具。

3. 中药材种植地块多数为小地块　这些地块适合使用小型机械化装备，不利于机械化生产作业，制约中药材规模化发展。

4. 中药材生产以人工作业为主　目前的中药材生产机械化水平整体偏低，在播种、移栽、除草、收获、烘干环节急需加快机械化。需求的机具主要有播种机、割草机、植保机、移栽机、起垄机、收获机等。

5. 部分中药材机械通用性差，专用机具少　部分中药材种植户的农机具都是自己定制的，匹配不同品种药材的通用农机具很少，适用中药材的专用机械也不多。此外，平川区域的中药材收获机具不适宜丘陵山区作业，丘陵山区中药材机具多数为空白。

（二）下一步工作措施

下一步，山西省各级农机部门将持续以农民增收为核心，以市场需求为导向，着力在规模扩张、加工增值、品种多元、质量提升四个方面加大中药材生产机械化技术推广与装备扶持力度，努力实现区域化布局，规模化开发，规范化种植，标准化生产，产业化经营。

1. **发挥技术优势，打造高标准中药材机械化示范基地**　发挥技术装备优势，集中资金和技术力量，积极参与地方政府高标准中药材基地建设，以农机农艺深度融合的方式，打造高标准中药材机械化示范基地，重点开展黄芪、黄芩、柴胡、党参等多种道地中药材机械化、标准化生产示范，实现耕整、播种（移栽）、施肥、植保、中耕、灌溉、收获、初加工等生产环节全程机械化。塑造农机样板工程，扩大农机部门影响力。

2. **加强技术攻关，研发中药材系列专用装备**　一方面，结合山西省区域特点，针对不同中药材品种，引进国内外先进技术装备，引导全省中药材装备生产企业加快消化吸收，研发生产出适合山西省的中药材生产系列专用装备。另一方面，借鉴其他中药材成功实现直播的经验，开展党参直播试验攻关，通过种子催芽和机械播种技术融合应用，尽快突破党参直播技术瓶颈，去掉移栽环节，让机械化轻装前行。

3. **深化机艺融合，构建中药材机械化生产技术体系**　组织技术力量，针对不同中药材品种，加强机艺融合，尽快形成全程机械化装备配套解决方案，覆盖耕整、直播、移栽、灌溉施肥、中耕、植保、收获、加工等环节，构建中药材高产高效全程机械化技术体系。

4. **尝试开展中药材机械化生产作业补贴试点**　中药材生产最费工的环节为移栽、除草、收获，建议农机部门开展机械化作业补贴试点工作，鼓励农民进行机械化作业，这样既能减轻农民负担，也有利于推动中药材生产机械化、规模化发展。

5. **培育中药材机械化生产专业服务组织**　中药材种植应走机械化、标准化的道路，一家一户的生产管理方式相对落后，农民收益不高。建议培育中药材生产专业服务组织，用机械化、标准化技术模式替代传统人工生产方式，让合作组织为种植户提供生产作业一条龙托管服务，从而带动中药材产业化发展。

附表2-2-1　山西省中药材机械化生产技术装备需求情况（林间种植类）

附表2-2-2　山西省中药材机械化生产技术装备需求情况（田间栽培类）

附表 2-2-1 山西省中药材机械化生产技术装备需求情况（林间种植类）

适宜机械化 作业环节		现有机具数量 （台、套）	估算还需要机具 数量（台、套）	所需机具装备基本作业性能描述 （作业效率、技术规格等）
耕整地机械		13	37	锄地机、开沟机、微耕机、起垄机
施肥机械		31	64	开沟施肥机（作业效率2亩/小时以上）
田间 管理 机械	中耕机械	358	327	培土机、除草机（自走式、作业效率1～3亩/小时）、小型除草机
	修剪机械	70	153	电动剪枝机
	植保机械	122	69	风送式喷雾机、高地隙喷雾机、机动喷雾器等
	合计	550	549	
收获机械		101	86	采摘机（作业效率2亩/小时以上），收根机（作业效率3亩/小时以上），中药材收割机（作业幅宽2.2米，作业效率6亩/小时以上）
排灌机械		1	20	水肥一体化设备
运输机械		983	36	田间搬运机（负重200千克），多功能运输车（作业效率3亩/小时以上，翻斗装卸）
合计		1 679	792	

附表 2-2-2　山西省中药材机械化生产技术装备需求情况（田间栽培类）

适宜机械化作业环节		现有机具数量（台、套）	估算还需要机具数量（台、套）	所需机具装备基本作业性能描述（作业效率、技术规格等）
耕整地机械		2	19	开沟机、旋耕机（作业效率5亩/小时以上，230型）、深松机、起垄机、犁铧机（作业效率5亩/小时以上，435型）等
种植施肥机械	育苗机械	3	9	精量穴播流水线、育苗机
	播种机械	2 030	293	精密播种机（作业效率10亩/小时以上）、播种机（作业效率5~8亩/小时以上，作业行数6~8行）、中药材旋播机（作业效率8亩/小时以上，工作幅宽2米，作业行数7行）、小籽粒播种机（作业效率5亩/小时以上）
	栽植机械	53	82	移栽机、党参苗移栽机
	施肥机械	—	31	开沟施肥机、施肥机
	合计	2 086	415	
田间管理机械	中耕机械	5	31	除草机（作业效率4亩/小时以上）、割草机（作业效率2亩/小时以上，手持式、四冲程）
	植保机械	47	32	机动喷雾器、高地隙喷雾机、三轮车带喷药机、无人机
	合计	52	63	
收获机械		896	404	收获机（部分要求纵轴流式或集装箱式）、收割机、收籽收割机（作业效率5亩/小时以上）、根茎类收获机（有收集箱）、采挖机（作业效率5亩/小时以上）、采摘平台、打捆机（作业效率2~3亩/小时）等
运输机械		826	128	收获装载平台、农用多功能运输车（翻斗装卸）等
合计		3 862	1 029	

辽宁省中药材生产机械化技术装备
需求调查与分析

一、产业发展现状

　　中药材是辽宁特产之一，在辽宁省东部山区，中药材生产已经成为当地农业增效、农民增收的不可替代的产业，也是全省其他地区药农增收的重要来源。辽宁地处北温带，四季分明，气候温和，光热资源充足，生长季节气候干燥凉爽，昼夜温差较大，特别是东部山区的生态环境、气候、土壤、降雨量及海拔高度，有利于中药材的生长和主要成分的积累。辽宁省中药材生产已有500多年历史，拥有丰富的中药材资源，既有种类众多的野生药材，又有大量人工栽培药材。全省有野生药材 1 679 种，其中植物药材 1 239 种。经调查统计，全省现有人工栽培中药材 62 种，其中林间种植类 12 种、田间栽培类50 种。

　　近年来，辽宁省加大了中药材产业结构调整力度，以发展地方名优品种为主，同时发展市场畅销品种，经济效益显著提高，中药材生产逐步向规模化、区域化过渡。全省辽细辛、辽五味、龙胆草等辽宁道地药材生产面积和产量增加较快，稳居全国首位，桔梗、黄精、苍术、平贝、玉竹等具有地方特色、市场需求大、销路好的中药材品种也有较快的发展。目前全省中药材栽培面积发展到 218 万亩，总产量达 14 万吨，产值 36 亿元。平地中药材种植面积约56.5 万亩，林下中药材种植面积 162 万亩。其中，园参种植发展较快，种植面积达到 3 万多亩，辽五味、辽细辛、龙胆草种植面积和产量均居全国第一位，人参种植面积和产量居全国第二位。

二、机械化发展现状

　　据初步统计，辽宁中药材耕、种、防、收、种子采摘清选、灌溉等各个生产环节的综合机械化水平不足 30%，辽西地区及种植规模较小区域还停留在人工种植阶段，本溪、抚顺等东部山区机械化水平偏高，其中以平地人参为主的根茎类中药材在耕整地、碎土作畦、植保、收获环节机械化程度较高，综合机械化水平达到 30%，但其他中药材的种（栽）植、种子采摘清选等生产环节还是依靠人工完成。林间种植类中药材基本以林下参为主,林下参的生长环境不适用大型机具作业,故在种植和植保方面有部分农户采用小型播种器以及用喷壶打药,其他环节还是以人工为主,机械化程度较低。由于缺少相关机械化种植、收获技术和农机装备,中药材生产严重依赖人工作业,中药材机械化作业供给能力严重不足。

在种植机械化方面,目前中药材机械化生产中播种和中耕环节大部分机具是通用机械,或者在此基础上进行改造,但只能满足部分品种生产需求。部分地区在进行五味子、黄精等中药材种植时选择外购种苗、本地移栽的方式。但一些籽粒直径较小、籽实外壳为颖壳且要求播种深度较浅的中药材,在播种上需要高精量的播种机,目前没有完全适用的播种机具。在收获机械化方面,对于根茎类中药材的收获设备,大部分是在马铃薯挖掘机基础上进行改进,基本功能可以达到收获要求。其他品种收获环节基本依靠人工,田间转运则使用小型的拖拉机。其他环节机械化方面,中药材生长过程中的除草、病虫害防治等都使用通用机械,修剪完全靠人工完成。

在中药材机械装备企业发展方面,辽宁省中药材产业化水平较低,大部分药材以原料和初级产品形态出售,精深加工程度较低,企业竞争力不强,同时产品科技含量低,产品属于粗放型、传统型、低层次加工品,初级产品居多、精制产品占比低。受这些因素影响,中药材的规模化、标准化种植水平不高,生产企业投入研发和进行生产的积极性不高,农机应用数量较少,最终影响了机械化水平。目前全省有中药材机械生产企业 2 家,主要集中在辽宁东部山区,规模也都是小型企业,产品品种主要集中为药材作畦机、清石机、药材起获机等 7 种,满足不了中药材各种植品种的需求和中药材生产全程机械化的需求。由于规模小、技术力量薄弱、加工能力有限等因素,企业的研发能力受到限制,不能满足使用性能指标和农艺等方面的要求。目前辽宁省的中药材机械生产企业和产品没有通过推广鉴定。

三、机械化发展方向和工作措施

1. **加强资金和政策扶持**　调查中发现,辽宁省缺少中药材装备生产龙头企业带动,机械化水平较低。受中药材产品的多样性、产业发展不均衡、规模化标准化种植水平较低等因素影响,企业在研发、示范、生产等方面投入不足,具有一定实力的传统农机生产企业不愿意涉足该领域,导致了产品种类较少、机械化水平较低、劳动生产率不高。中药材精深加工能力也不高,加工转化率低,使得种植户及加工企业缺乏竞争力。应当建立以政府性资金为引导、企业投入为主体、社会资金广泛参与的投入机制,重点支持中药材机械装备企业在研发与生产方面的投入，为中药材产业发展提供技术支撑。

2. **加强人才培养和引进** 调查中发现，辽宁省在中药材生产机械化方面的专业人才匮乏，尤其中药材种植和机械化应用方面的复合型人才更少。中药材机械化种植涉及播种、田间管理、采收加工、病虫害防治等机械化技术环节，对机械化种植管理具有较高的技术要求，全省尚未建立与中药材机械化种植产业发展（产前、产中、产后）相配套的服务体系和专业人才队伍。在进行机械化作业时主要应用通用类的农用机械，在此基础上进行小改小试，产品在适用性、可靠性和稳定性方面都不过关，大大影响了种植效率和产品品质，严重限制了中药材产业的发展。应当建立健全基层技术推广网络，充分利用科研院所、农机化技术推广部门和农机生产企业的技术、人才优势，开展技术咨询、技术指导、技术服务，提高新技术、新成果的应用水平，使更多的设计理念、创新思维、新工艺新材料等应用到中药材机械装备的研发和生产当中。

3. **加强中药材机械化生产技术模式的制定及应用** 一方面争取国家、省级项目扶持，加快引进中药材相关机具的试验示范推广项目，完善中药材生产全程机械化技术体系，解决生产中的实际问题。另一方面强化技术培训，搞好跟踪服务。为推动中药材机械化生产高质量发展，应通过多种方式加大培训力度，提高机手对新机具、新技术的认识。同时，对中药材生产的机具实施系列化服务、免费技术指导，为中药材机械化生产技术的推广应用提供技术服务。

附表 2-3-1　辽宁省中药材机械化生产技术装备需求情况（林间种植类）

附表 2-3-2　辽宁省中药材机械化生产技术装备需求情况（田间栽培类）

附表 2-3-1 辽宁省中药材机械化生产技术装备需求情况（林间种植类）

适宜机械化作业环节		现有机具数量（台、套）	估算还需要机具数量（台、套）	所需机具装备基本作业性能描述（作业效率、技术规格等）
耕整地机械		—	2	深松机
施肥机械		4	—	
田间管理机械	中耕机械	8	5	除草机（作业效率 0.5 亩/小时以上）
	修剪机械	46	3	割灌机、电动剪枝机
	植保机械	49	4	风送喷雾机、植保飞机、打药机
	合计	103	12	
收获机械		7	7	药材收获机、药材挖掘机、收割机、枣收获机
排灌机械		9	—	
运输机械		2	3	搬运机、大马力拖拉机
合计		125	24	

附表 2-3-2 辽宁省中药材机械化生产技术装备需求情况（田间栽培类）

适宜机械化作业环节		现有机具数量（台、套）	估算还需要机具数量（台、套）	所需机具装备基本作业性能描述（作业效率、技术规格等）
耕整地机械		92	87	旋耕机、深松机、开沟机（作业效率3亩/小时以上）、铺膜机等
种植施肥机械	育苗机械	5	4	育苗机、精量穴播流水线
	播种机械	250	921	精量播种机、药材播种机（部分要求SBD-150型）
	栽植机械	54	411	移栽机、药材移栽机（部分要求 YZC-200型）
	合计	309	1 336	
田间管理机械	中耕机械	29	111	除草机
	修剪机械	4	9	割灌机
	植保机械	6	14	植保打药机、风送式喷雾机
	合计	39	134	
收获机械		804	1 232	药材收获机、药材挖掘机（作业效率3亩/小时以上，产品型号2JY-180型）、深根收获机、根茎收获机、五味子采摘机、人参采收车等
运输机械		1 114	462	运输机、田间转运车
合计		2 358	3 251	

吉林省中药材生产机械化技术装备
需求调查与分析

一、产业发展现状

（一）现阶段发展概况

吉林省位于中国东北地区中部、世界三大寒地黑土带上，土质松软肥沃、域内河流纵横、地形地貌多样，地势由东南向西北倾斜，呈现明显的东南高、西北低的特征。西部为平原，东部为山区、半山区，中药材多种植于吉林省东南部（吉林市、通化市、白山市、延边州），受益于长白山脉滋养，中药材品种多样、质量上乘，部分品目（人参、黄芪、五味子等）在国内中药市场久负盛名、口碑良好。2019年中药材产业还被列为吉林省扶贫项目，在省中医药管理局等六部门联合制定的《吉林省中药材产业扶贫行动计划工作方案》中明确了重点任务"建设良繁基地打造一批药材基地，支持发展规模适度的中药材种养大户，不断提高中药材生产、产业化水平，强化中药材质量标准体系建设，提升中药材产业的品牌价值和影响力"。中药材生产在吉林省受重视程度逐年加深。

（二）种类、种植面积及产值

本次调研重点突出有吉林特色、种植面积大、市场需求度高的中药材，甄选出满足机械化、产业化、规模化基本要素的3种中药材，分别是人参、五味子、黄芪，其中人参又分为元参、西洋参和林下参。调研内容共计5项，见表2-4-1。

表2-4-1　吉林省主要中药材基本情况

中药材种类	种植面积（公顷）	产量（吨）	产值（万元）
五味子	6 134	12 725	51 884
黄芪	1 239	9 096	7 567
元参	11 310	38 669	234 906
西洋参	4 361	19 936	83 556
林下参	102 263	270	272 676

（三）经济效益分析

1. **五味子**　五味子属于木兰科落叶木质藤本作物，按照 3 年的生产周期计算，前期投资包括苗木、水泥架、铁线、肥料、土地租金、整地、栽培等，大约为 8 000 元/亩左右。目前在种植和收获环节缺乏适用的农业机械，人工费用投入较大，后期收获基本完全依赖人工。目前人工费用约为 200 元/天，每亩每年需要人工 10 个工作日，费用约为 2 000 元，3 年为 6 000 元。3 年田间管理费用 1 000 元/亩，合计 3 年生产投资总约为 15 000 元/亩。

2. **黄芪**　黄芪属大宗药材之一，每年的出口量和内销量均很大，在吉林市场需求量也逐年升高。吉林特产为膜甲黄芪，被广泛认可。黄芪生产的机械化程度较高，基本实现了全程机械化。其中整地、播种、收获机具可以和其他作物（如黄豆）通用，因此投入生产成本较小，按照 2 年的生产周期计算，生产投资约为 1 200 元/亩。

3. **人参**　吉林人参主要分为元参、西洋参、林下参三种，人参种植的自然条件极为苛刻，从第一年起需要全面清理杂草、清除树根，每亩林地每年需要约 5 个人连续工作 3～5 天。人参种子极为宝贵，采取点播形式，每次播种 2～3 粒种子，播种 1 亩需要 5 个工人 1～2 天时间。由于种植人参的地块人迹罕至，非常偏僻，需要修建护栏，以防止野生动物毁坏人参，前期投资巨大，人工加上基建费用约为 50 000 元/亩。

吉林省主要中药材种植成本与收益情况见表 2-4-2。

表 2-4-2　吉林省主要中药材种植成本情况

中药材种类	价格（元/千克）	亩产量（千克）	亩产值（元）	生产投资（元/亩）	生产周期（年）	生产收益（元/年）
五味子	200	225	45 000	15 000	3	10 000
黄芪	30	300	3 200	1 200	2	3 900
元参	160	750	120 000	50 000	5	14 000
西洋参	160	750	120 000	50 000	5	14 000
林下参	10 000	50	500 000	50 000	15	30 000

二、机械化发展现状

（一）综合机械化率持续提升

得益于"敞开、普惠"的农机购置补贴政策，吉林省补贴机具种类范围增至 13 大类 28 小类 68 个品目。2019 年农机总动力达到 3 656.05 万千瓦，同比增长 5.42％；农作物耕种收综合机械化率达到 89.23％，同比增长 1.73％。其中吉林省两大主粮作物玉米和水稻，耕种收综合机械化率达到 91.24％和 95.07％，主粮作物基本实现生产全程机械化。小麦、大豆、马铃薯、花生 4 种作物耕种收综合机械化率分别达到 92.29％、81.07％、79.78％、95.15％，较前几年有较大幅度提升。

（二）农机装备结构不断更新

2019 年吉林省拖拉机保有量达到 123.14 万台，其中大中型拖拉机达到 31.1 万台，新增 2.51 万台，同比增长 7.9％，随着吉林省土地集约的进程持续推进，小马力拖拉机已经逐渐不能满足现代农业生产作业需求，农机大户和合作社新购置的多为先进大型拖拉机。玉米、水稻等主粮作物生产所需机具增幅也较大。

（三）农机社会化服务稳步发展

吉林省乡村农机从业人员达到 143.14 万人，同比增长 1.03％；农机化作业服务组织达到 8 882 个，同比增长 0.43％，其中拥有产值 50 万元以上的 4 366 个，同比增长 1.53％；农机专业合作社达到 6 303 个，同比增长 1.43％；全省农机户达到 110.30 万户，同比增长 0.16％。吉林省农机社会化服务组织呈现总量稳中有升、结构优化的阶段性特征，农机专业合作规模进一步上升。

（四）中药材机械化水平参差不齐

经过调研发现，吉林省中药材机械化发展水平不一，生产投入重点和方向也不一致，在此逐一加以说明。

人参由于经济价值较高，在吉林省人工种植时间较长、种植面积较大，目前在市场上也可以买到种植和收获用的农业机械。但人参对于生产条件要求非常高，前期在生产环境方面投入较大，需要去草、去除树根，俗称"绝伐地"，且依赖人工，在高标准整理地块方面缺乏相关农业机械。

五味子重点需求摘果机械。由于五味子是藤本植物，采用常规机械收获难度较大，摘果严重依赖人工。每年收获季节，都要耗费大量人工，制约了吉林省五味子生产朝产业化迈进。

黄芪的播种、茎叶放片打捆、黄芪籽粒脱粒、起根收获等生产环节机械化技术和收获方面机械化程度较低，几乎没有机械作业，农机技术与装备需求较大。

三、下一步机械化发展方向和工作措施

以提高吉林省中药材生产综合机械化水平、真正提高中药材生产力为出发点，考虑从三个方面进行此次调查的后续工作。一是借助吉林省基层农技推广人员体系项目加强对基层农机推广人员中药材的技术培训；二是适时组织经验总结交流会议，学习其他省份的好经验、好做法。三是加强横向交流和沟通，在日后工作中多向省参茸办公室、省特产办等单位询问生产上对于农机化的需求和建议。

附表 2-4-1　吉林省中药材机械化生产技术装备需求情况（林间种植类）
附表 2-4-2　吉林省中药材机械化生产技术装备需求情况（田间栽培类）

附表 2-4-1　吉林省中药材机械化生产技术装备需求情况（林间种植类）

适宜机械化作业环节		现有机具数量（台、套）	估算还需要机具数量（台、套）	所需机具装备基本作业性能描述（作业效率、技术规格等）
施肥机械	播种机械	6	8	播种机、人参播种机
	栽植机械	8	6	移栽机
	合计	14	14	
田间管理机械	中耕机械	—	21	除草机
	修剪机械	—	20	剪枝机
	植保机械	—	216	风送式喷雾机、打药机
	合计	—	257	
收获机械		1	22	五味子收获机、采摘机、人参收获机等
运输机械		4	210	田园搬运机、轨道运输机、收获装载平台
合计		19	503	

附表 2-4-2 吉林省中药材机械化生产技术装备需求情况（田间栽培类）

适宜机械化作业环节		现有机具数量（台、套）	估算还需要机具数量（台、套）	所需机具装备基本作业性能描述（作业效率、技术规格等）
种植施肥机械	播种机械	—	5	黄芪播种机（作业效率 5 亩/小时以上）
	栽植机械	—	3	移栽机（作业效率 2 亩/小时以上）
	合计	—	8	
收获机械		1	5	收割机（作业效率 4 亩/小时以上）、起药机（作业效率 7 亩/小时以上）
合计		1	13	

江苏省茶叶生产机械化技术装备
需求调查与分析

一、产业发展现状

 江苏省是我国茶叶生产重点省份之一，茶叶主产区主要分布在环太湖、宁镇扬地区，尤以吴中、高淳、江宁、金坛、句容、溧水、溧阳、宜兴、仪征等地种植较多，连云港和徐州也有少量种植，主要生产碧螺春、雨花茶、炒青、白茶、红茶等，其中以高档绿茶为主。茶叶品种主要包括白叶一号、浙农113、浙农139、浙农117、迎霜、龙井43、龙井长叶、福鼎大毫、福鼎大白、中茶108、白茶1号、中黄1号、"黄金芽"、乌牛早、平阳早、黄山小叶、迎霜、雨花等。

 全省现有茶叶种植总面积约46万亩，无性系良种茶园面积占34%，全省年产茶叶14 200吨左右，年产值约38亿，茶叶生产从业人员约14万。

二、机械化发展现状

 江苏省茶叶种植大多小而散，故主要采取典型调查方式，针对合作社、茶叶企业和重点农户进行调查统计。根据调查，江苏省茶叶生产综合机械化水平约为45%，加工环节已基本实现机械化作业，植保、修剪、田间转运环节机械化水平相对较高，分别为88%、56%和70%左右；其他环节机械化水平相对较低，其中，中耕机械化水平约为32%，施肥机械化水平约为21%，采收环节机械化水平约为7.2%。

 1. 宜机化改造环节　主要包括用于宜机化改造的挖掘机、茶园管理机、旋耕机、微耕机、平地机等。由于江苏省的茶叶多种植在丘陵地区，一些茶叶种植户选用套种模式，宜机化改造成本高、改造难度大，故茶农改造意愿不强。

 2. 中耕环节　主要包括用于中耕的培土机、除草机、茶园管理机、旋耕机、深耕机、深松机、微耕机、中耕机等，中耕环节的一些机具也可同时用于施肥、宜机化改造等环节。根据调查，中耕环节的机具主要存在以下问题：部分中型培土机体积大，不适宜茶行间距窄的茶园作业，而一些小型培土机又存在动力不足的缺陷；部分机具老旧、功能单一，无法适应坡地作业；一些除草机在坡地的适用性不强，或功率低、尺寸大等。部分地区因茶园布局不合理，不适合机械化作业，中耕仍以人力为主，极少数新茶园使用了开沟机，但由于土中杂质多，耕作层浅，开沟机很容易损坏，影响作业效率。部分茶园管理机械存在结构笨重、不适宜在坡地使用、尺寸不合适、耐用性不足、价格偏贵、不易维修等缺点，且大都是通用类机械，不适用于茶园作业。

3. **施肥环节** 主要包括用于施肥的水肥一体化设备、开沟机、开沟施肥机，施肥机、微耕机等。根据调查，机具主要存在以下问题：部分机具机器老化、工作效率降低，经常坏、稳定性差；部分水肥一体化设备管道易堵塞，或造价高、无统一标准，或水压不稳定、施肥不均匀等；一些开沟施肥机在坡度较大的丘陵山区较难使用。

4. **修剪环节** 现有各类机具 2 435 台，其中单人修剪机 1 991 台、双人修剪机 444 台。部分修剪机存在老旧、操作不便、刀片易损伤、价高、故障率高等问题。由于修剪机具工作效率高等原因，部分地区使用较多，如扬州、溧阳等地，其修剪机械化程度高达 95％以上。

5. **植保环节** 现有各类机具 4 013 台，包括喷雾机、弥雾机以及防虫设备。其中，传统背负式喷雾机效率低，担架式喷雾机相对传统背负式喷雾机则数量较少。防虫设备包括声波驱虫设备、光电杀虫灯、太阳能灭虫设备等。在高淳、金坛、武进等地，植保机械化水平可达 90％。

6. **采收环节** 现有各类机具 252 台，包括单人采茶机 207 台、双人采茶机 45 台。采收环节目前仍然以人工手摘为主，尤其是高档茶叶，较难实现机械化作业，机械化程度较低。田间转运环节现有各类运输装备 500 多台，包括轨道运输机、履带运输机和普通运输车等。

7. **加工环节** 现有各类机具 4 984 台（套），主要包括杀青机、揉捻机、理条机、烘干机或炒干机、萎凋机或萎凋槽、茶叶提香机、解块机、风选机、分级筛选机等，已基本实现机械化加工。但一些机具存在问题，例如部分杀青机燃烧温度不稳定、易焦边，蒸汽式杀青机蒸汽温度不易提高、电热型温控器不灵敏、温差大；部分揉捻机起条不匀、茶芽易揉推出筒，或转速、压力不好控制，或揉捻力度不可控；部分电热理条机加压不好控制；部分萎凋机不能分档、费人工、稳定性差、萎凋不均；部分烘干机燃煤污染大、温度不稳定、上料不匀等。

三、下一步机械化发展方向和工作措施

（一）制约因素及存在的主要问题

1. **地理环境限制机具使用** 江苏省茶叶种植地区大都处于丘陵地带，存在坡度，机具行走难度大且安全系数低的问题。另外丘陵地区土质较硬，日常松土不易，部分地区地表浅层多鹅卵石，易损坏机具作业部件。一些中耕机、施肥机等在坡度较大的地块上作业时，人工操作难度大、效率低，机具较难适应。例如，溧阳茶园 70％以上种植在丘陵山区，平均坡度在 20°左右，茶园普遍按照等高线种植，茶行呈弧形，茶树封行后≤60 厘米，茶园适宜作业应用机械大多是小型、功能多、适应缓坡地的机具，这样的高坡依赖强劳动力操作机型多，以手扶和背负式居多，从而限制了一般机具的使用。

2. **农机农艺融合不够，缺少适宜机具**　江苏省大多数老茶园年代久远，地势不平、坡度较大，且多数未按机械化作业要求规划种植，存在种植密度大、行距小、茶果（林）间作等问题，农机农艺融合水平低，机械化作业难度大。大部分茶树行距较窄，大中型机具无法作业，而微型农机体积小，动力不足，无法达到使用效果。

另外，部分茶园配套基础设施不完善，机具难以进入田块作业。尽管宜机化改造推行多年，但进展缓慢。部分茶园茶树种植密度高，宜机化改造会在一定程度上减少茶树数量，从而降低经济效益，导致茶农宜机化改造意愿不强；部分茶园由于城市建设需要，面临拆迁征用风险，茶叶生产者不愿继续经营；另有部分地区茶叶种植面积逐年萎缩，宜机化改造需求不高。

3. **茶叶机械化发展不平衡**　江苏省茶叶种植主体、地区之间机械化发展不平衡。一是各茶叶生产农户（合作社）机械发展不平衡，发展较快的茶叶生产农户（合作社），茶叶机具数量较多，少数引进配置了一些较为先进或是进口的茶叶加工设备，而发展缓慢的茶叶生产农户（合作社）茶叶机具较少，或仍在使用落后的半机械化机具。二是各作业环节之间机械化发展不平衡。大部分地区茶叶机械偏重于加工，而生产管理环节机械化水平则相对不高，尤其是中耕、施肥、采收环节机械化程度偏低，一部分原因是受茶园地形和土壤硬度影响、茶叶生产机械购置成本偏高、田间使用技术门槛高、缺少配套栽培技术支持等。中耕、开沟施肥、采摘等重要环节缺少先进适用的机具，尤其是茗茶和优质茶采摘仍依赖手工，制约了茶产业的升级。

4. **政策支持和示范推广力度不够**　目前，茶叶生产企业对各环节机械化装备需求迫切，但是在农机装备补贴方面政策支持力度不够，机具采购主要依靠企业自主投入，故茶叶生产企业对机具投入积极性不高。此外，新技术新装备推广力度不足，尤其是技术集成方面，试验、示范工作做得不多，且大多偏向单机作业性能、作业质量等指标的考核研究，茶叶生产全程机械化技术集成则涉及较少。

5. **劳动力和专业技术人员缺乏**　由于农村劳动力特别是大量年轻人向城镇和工业就业转移，茶叶生产管理只能依靠老龄人员进行，茶叶生产季节用工荒、用工难问题日趋凸显，未来将面临无人可用的困境，劳动力缺乏已成为制约茶叶产业的可持续发展的主要因素，急需采用新装备、新技术来应对人工作业的逐步退出。同时，茶园作业机械投入量大，且机具种类繁多，机具的管理、使用、操作、保养、维护的要求较高，需要配备具有较高专业操作技术的人员。多数茶农没有经过专业的机械使用培训，尤其是老龄人员，由于文化水平有限，农机操作和维护水平不高，存在操作不规范、维修保养意识欠缺等问题，对于高端设备掌握能力不够，不能发挥农机具的实际作用，远远不能适应茶产业机械化大发展的需要。

6. 科研投入薄弱　江苏省茶叶机械化生产加工还存在很大的不足，多数机械设备老旧，性能落后，功能单一，匹配性、衔接性不强，离不开大量的人工配套作业，茶叶机具整体水平不高，科研投入较为薄弱。另外，江苏省茶业机械装备标准化建设滞后，跟不上制茶工艺的快速发展，茶机标准更新较慢，无法适应产品更新，部分新产品还没有相关行业标准，产品质量参差不齐，阻碍行业健康发展。

（二）对策及措施

1. 加强农机农艺融合　当前，江苏省农机农艺融合不够，老旧茶园进行宜机化改造力度小，新建茶园的宜机化、标准化重视不够，主要原因在于：一是宜机化改造老茶园难度大、成本高、影响经济效益，新茶园宜机化、标准化成本高，茶企主动性不强；二是完全适宜老茶园作业的机具研发困难；三是品种多、生产规模小、市场需求量小、机具研发原动力不足。因此，农机和农艺应相互配合，相向而行。一是加强茶园基础设施建设，完善茶园道路、蓄水池、排水沟，以及机械进出、操作的通道等配套设施建设，逐步改造老茶园栽植品种，提高无性系茶树良种普及率，同时逐步推进宜机化改造，改善茶园机械化作业环境，为机械化作业创造适宜的基础条件。二是结合江苏省情况，因地制宜研发推广农机产品，着力发展适合坡地、窄行茶园的小微型质优耕作机械。三是减少套种，以便开展机械化作业，降低老茶园改造、新建茶园宜机化、标准化成本。

对换代、新建茶园进行合理的机械化规划，采用规范化、标准化种植农艺，农艺配合农机。多部门联动出台机械化标准茶园建设规范，制定茶叶生产机械化指导意见，指导新建茶园按照指导意见实现机械化。

2. 加大政策扶持力度　一是加大茶叶生产农机购置补贴力度，将适宜江苏茶园作业的优质品牌机械列入补贴目录，提高购机补贴额度，帮助茶企解决实际困难，提高茶园机械化管理水平。二是发挥好购机补贴的导向作用，推动关键、薄弱环节机械应用，补齐短板，调优装备结构，加快落后茶叶加工机的淘汰更新，提升茶园管理机械化水平。三是加大对重点茶叶加工企业的扶持力度，以点带面、辐射周边，促使江苏省茶叶加工机械化水平进一步提升。

3. **扎实做好示范与推广**　农机推广部门要做好茶业机械的引进、示范和推广，积极探索农机农艺相融合的可行技术路线，广泛引进适用、可靠、生产急需的农机具。一是通过茶叶生产新技术新装备技术推广应用示范项目，帮助、扶持有条件的茶叶生产企业，提高茶叶生产主要环节机械化作业水平，尤其注重清洁、绿色、高效、复式机具的引进推广。二是通过组织培训、现场演示会等方式对江苏省茶叶生产经营主体进行技术培训，推动先进适用机具在茶叶生产环节的应用。三是加强示范基地建设，在规模茶企建立耕作、修剪、灌溉、植保、采摘等全程机械化生产示范基地，引进适合江苏省茶园机械化作业的机具进行试验示范，提供可学习、可操作的技术样板地。

在推广茶叶生产加工机械的过程中，要加强农机装备与园艺、农艺技术部门的合作，共同做好机具的选型和技术培训工作，促进农机农艺融合，搭建茶叶生产企业（农合、合作社）与高校、研究所等机构的合作平台，开展茶叶生产装备和技术的试验示范。

4. **加强科技研发与创新**　结合江苏茶园农艺情况，针对茶叶全程机械化中茶园管理、鲜叶采摘、病虫防治等薄弱环节，与科研单位、生产企业协作，共同研制、开发出更适合江苏茶园农艺情况和丘陵山区地形地势的机械设备，提升自主研发产品质量和性能，真正实现推广应用，提高工作效率。同时，在试验示范的基础上，消化吸收先进的技术，制定适合中小型茶场的茶叶生产机具生产的技术规范。

5. **加强技术培训与服务**　一是加大对规模茶企、种植大户、合作社相关人员的技术培训力度，提高机械操作、维修、保养的能力水平，培养标准化种植和机械化生产能手，促进茶园机械的推广应用。二是发挥农机技术部门桥梁和平台作用，搭建好茶企、茶农、合作社等机具需求方与茶叶机具生产企业之间的沟通桥梁，茶机生产企业可直接帮助茶叶生产者学习掌握机具的安全使用，同时也能使茶机生产企业了解掌握市场需求情况，有针对性地进行机具改进和开发。

6. **健全社会化服务组织**　走市场化经营的社会化服务模式是创新茶叶产业机械发展机制的新路子，要健全社会化服务体系，支持、引导新型农业经营主体成立专业化农机服务队伍，培养一批经验丰富、责任心强，能够熟练操作、使用和维护各种涉茶机械的"机手"，为茶叶生产企业提供便捷、高效的专业化服务，在自身获得发展的同时，促进整个茶产业提质增效。

推动茶业农机合作社建设，配套相应的农机、农技指导，实行规模化统一管理，可有效解决管理环节，特别是植保环节的"统防统治"问题，避免虫口迁移、反复施药，也可节本增效，进一步降低劳动强度，解放劳动力，缓解当前劳力匮乏、用工成本过高的困境，保障茶叶产业健康发展。还可推动茶叶生产采取合作社（茶企）＋农户、合作社（茶企）＋基地＋农户、合作社（茶企）＋茶叶协会＋农户的模式。

根据本次调查，在宜机化改造环节，江苏省还需丘陵改造田间管理机 400 台，平地机 5 台；施肥和中耕环节还需各类机具 592 台（套），包括开沟机、开沟施肥机、施肥机、水肥一体化设备、旋耕机、培土机、除草机、中耕机、微耕机、深耕机、茶园管理机等，其中，开沟施肥机、除草机、中耕机、微耕机需求较多；修剪环节还需各类修剪机 246 台；植保环节还需各类植保机 239 台，物理防虫设备 31 台、防霜设备 21 台；采茶环节还需采茶机 1 032 台；田间转运环节还需运输工具 302 台；加工环节还需各类机具 247 台。

附表 2-5-1　江苏省茶叶机械化生产技术装备需求情况

附表 2 - 5 - 1 江苏省茶叶机械化生产技术装备需求情况

适宜机械化作业环节		现有机具数量（台、套）	估算还需要机具数量（台、套）	所需机具装备基本作业性能描述（作业效率、技术规格等）
宜机化改造机械		25	5	激光或液压驱动自行式平地机
耕整地机械		793	535	田间管理机（用于丘陵改造）、开沟机（机具宽度≤80厘米，作业效率2～5亩/小时）、微耕机（小型多功能，作业效率1～3亩/小时）、旋耕机（作业效率2～6亩/小时，部分要求小型自走式）、浅翻机、小型深耕机（部分要求双驱动结构）等
种植施肥机械		86	228	开沟施肥机（部分要求自走式，开沟深度30厘米，机具宽度≤80厘米，能施有机肥，作业效率2～5亩/小时）、施肥机（自走式，作业效率1～5亩/小时）等
田间管理机械	中耕机械	510	364	除草机（能适合坡地松土除草，部分要求大功率，作业效率2～6亩/小时）、中耕机（部分要求乘坐式，作业效率2～6亩/时）、培土机（部分要求动力为汽油，作业效率1亩/小时以上）、除草施肥多功能机（作业效率1亩/小时以上）、茶园管理机（具有除草、施肥等多功能，部分要求柴油动力配合液压传动、履带式行走，作业效率5～10亩/天）、除草施肥多功能一体机（动力燃油种类为汽油，作业效率1亩/小时以上）
	修剪机械	2 435	246	单人修剪机（部分要求动力为汽油，能实现双面修剪或重修或圆形修剪，作业效率1～2亩/小时）、双人修剪机（部分要求采用齿轮曲柄连杆传动，作业效率1～2亩/小时）、枝条粉碎机
	植保机械	4 013	239	机动喷雾机（部分要求自走式，可施肥，作业效率小型5～8亩/小时，中大型12～48亩/小时）、植保无人机（作业效率10～50亩/小时）、电动喷雾机、手动喷雾机、防虫设备（采用太阳能，防虫面积20亩/盏）、防霜冻设备（部分要求风扇防霜机，覆盖面积30～40亩）
合计		6 958	849	

（续）

适宜机械化 作业环节	现有机具数量 （台、套）	估算还需要机具 数量（台、套）	所需机具装备基本作业性能描述 （作业效率、技术规格等）
采收机械	252	1 032	单人采茶机（部分要求动力为汽油或电动，作业效率1亩/小时或120千克/小时以上）、双人采茶机（部分要求动力为汽油，作业效率2亩/小时或240千克/小时以上）
排灌机械	50	25	水肥一体化设备（作业效率20～30亩/小时，部分要求50千瓦或可施药，全自动、带施肥罐）
运输机械	525	302	履带运输机（载重1吨，或最大载重200千克～1 000千克）
茶叶加工机械	4 984	247	茶叶揉捻机、理条机、萎凋机、杀青机、摊青机、分拣机、炒茶机、风选机、研磨机、滚平机、色选机、整形机、分级筛选机、解块机、提香机、发酵机、压扁（饼）机、自动包装机、鲜叶输送机或输送带等
合计	13 673	2 455	

浙江省茶叶、中药材生产机械化技术装备需求调查与分析

一、产业发展现状

（一）茶叶

茶叶是浙江省传统优势产业，也是农产品出口的主导产品，在农业生产中占据重要的位置。2019 年浙江省茶园总面积 306 万亩，茶叶总产量 18.1 万吨，农业产值 225.5 亿元；其中名优茶产量 9.6 万吨，农业产值 197.3 亿元，在产量和经济效益上都占比很大，历史传承和经年打造的名茶品牌闻名遐迩，如西湖龙井、大佛龙井、开化龙顶、安吉白茶、径山茶、永嘉乌牛早等。浙江省传统名茶以名优绿茶为主，2016 年浙江省政府印发《关于促进茶产业传承发展的指导意见》，部署加快推进茶叶全产业链建设，推进茶叶加工现代化改造，发展茶叶精深加工，促进茶产业高质量发展，各地进一步开发除名优绿茶外的其他特色茶叶，如九曲红梅、越红等名优红茶，黄茶、乌龙茶等各种茶叶新品种，抹茶、绿茶粉、养生茶、大宗茶等也都得到了长足的发展。

浙江省目前茶园面积 5 万亩以上的县（市、区）有 26 个，分别为杭州市 6 个（余杭区、富阳区、桐庐县、淳安县、建德市、临安区），宁波市 2 个（宁海县、余姚市），温州市 2 个（永嘉县、泰顺县），湖州市 2 个（长兴县、安吉县），绍兴市 4 个（柯桥区、新昌县、诸暨市、嵊州市），金华市 3 个（武义县、磐安县、东阳市），衢州开化县，台州天台县，丽水市 5 个（缙云县、遂昌县、松阳县、景宁县、龙泉市）。26 个县（市、区）共有茶园面积 233.22 万亩，占全省面积的 76%，也是浙江省 2020 年需求调查的重点区域。

（二）中药材

浙江省是我国重点中药材产区之一，共有药用资源 2 385 种，素有"东南药用植物宝库"之称。2019 年浙江省中药材种植面积 80.24 万亩，总产量

26.22 万吨，总产值 63.78 亿元。其中，道地药材"浙八味"（浙贝母、杭白菊、白术、杭白芍、元胡、玄参、浙麦冬、温郁金）种植面积达 21.6 万亩，总产量为 5.2 万吨，产值 50 亿元，浙贝母种植面积和产量占全国总量的 90% 左右，杭白菊产量约占全国总量的 50%。"新浙八味"（铁皮石斛、灵芝、三叶青、覆盆子、衢枳壳、乌药、前胡、西红花）种植面积 27 万亩，总产值达 34 亿元。铁皮石斛产业规模占全国总量的 70%。目前，中药材产业已成为推动浙江省乡村振兴和山区农民致富的特色优势产业。

二、机械化发展现状

（一）茶叶

近年来，随着购机补贴政策的实施和农业"机器换人"示范省创建，浙江省茶叶机械化技术推广力度不断加大。浙江省自 2016 年启动实施农业"机器换人"示范工程以来，已创建茶产业"机器换人"示范县 4 个（淳安、嵊州、开化、武义）、示范乡镇 20 个、示范基地 83 个，至 2019 年年底，全省拥有各类茶叶机械 45.18 万台（套）。

浙江省农机部门近年来通过加强茶园生产管理和茶叶生产加工机械化两方面来提升茶产业机械化、智能化与标准化水平，先后举办了全省茶园管理机械化现场会及茶叶机械化加工培训班，加大先进技术与机械装备的推广力度；制定地方标准《茶叶机械化采摘配套生产技术规程》、浙江省团体标准《碾茶机械加工技术规范》《绿片茶机械加工技术规范》等规范来提升标准化水平；主动开展茶机茶艺融合工作，参与茶叶技术团队项目，如开展碾茶机械化加工试验示范项目、指导县市开展茶园生产全程机械化项目、创建茶叶"机器换人"示范县等。

浙江省茶机制造业处于全国领先地位，茶机企业开拓创新，科技水平不断提高。浙江省规模以上茶机生产企业有 50 余家，茶机种类达 100 多种，各类茶机产量、销售额均占全国 70% 以上，从名优茶机械加工到大宗茶制作，基本上适应全国各种茶类的炒制。浙江省上洋、丰凯、川崎等知名茶机生产企业，主导和参与烘青形绿茶加工成套设备、工夫红茶加工成套设备、茶鲜叶摊青萎凋机、采茶机等茶机的机械行业标准制修订工作，全国农机标委会茶机分会也即将在浙江成立，进一步确立了浙江省茶机制造业的龙头地位。但是受各地茶文化的影响，茶叶加工种类繁多，使得茶机的专业性强、通用性不足，表现为茶机企业规模相对较小，研发能力相对较弱，与星光、星莱和等先进的水稻机械生产企业差距较大。

（二）中药材

目前，浙江省有用于中药材的育苗接种流水线 5 条，大中型拖拉机 5 900 台，起垄机 2 000 台，微喷灌 3 900 台（套），温湿度控制机 1 000 台（套），农用无人机 25 台，割灌机 300 台，田间转运装载平台 3 台，加工环节切片机 500 台，烘干机 920 台，杭白菊自动蒸汽杀青流水线及隧道式烘道 60 台（套）。中药材生产环节机械化水平极不平衡，传统大田生产的耕整地、开沟、施肥、排灌、植保工作已采用通用机具完成，机械化程度较高，但播种环节没有专用机械，收获环节绝大多数都要靠人工才能完成，机械化程度极低。如铁皮石斛种植基地面积达 4.3 万亩，年鲜品产量 1.046 8 万吨，大棚或温室种植率达 85%（其他仿野生栽培），实现机械化、自动化的环节为温湿控制，而种植、采摘环节依然需要人工完成，无收获机械；加工机械方面，农户多使用果蔬烘干机、茶叶加工机械或自制设备乃至其他设备。特别是加工铁皮枫斗的揉捻环节，需要大量人工，急需开发相应的机械。浙贝母、温郁金等块茎类中药材除了耕整地、起垄环节可用农机作业外，收获环节机械化水平为零。

林间种植类中药材因种植方式不同，机械应用较少，除了有少量的电动修剪、植保机械外，其他环节机械化率为零。浙江省天台地区的林间种植类中药材乌药、黄精，采用不施肥、自然生长的种植方法，中期人工除草，后期人工采摘和挖掘。三叶青（约占总种植面积三分之一）仿野生栽培，除修剪环节可用割灌机外，其他环节机械化水平为零。

三、下一步机械化发展方向和工作措施

目前，由于种植方法不标准、茶园宜机化改造滞后等原因，茶园耕作、施肥机械化水平仍然偏低；由于农机茶艺融合不够深入，名优茶采收机械化难题难以破解，丘陵山地茶园的各类田间作业机械适应性较差的问题（机械动力小的松土除草效果差，机械动力大的操作难度大等）得不到解决。在茶叶加工机械化方面，存在茶叶加工成套化、智能化、标准化水平总体不高，对新兴茶产业加工机械缺少引导等问题。

下一步应立足三方面做好茶叶机械化这篇文章。

（一）立足主推技术强化农机农艺融合

茶叶加工机械化关乎茶产品的品质和品牌，而智能化加工设备的推广是未来的发展方向。应充分认识到这一点，主动作为，聚集并培养一批既懂农艺又懂农机的专业人才，在实现茶叶生产基本环节机械化的基础上，进一步由单环节向全程、单一作业向复式作业、平原地区向丘陵山区、依靠人工操控向智能化控制方向发展，大力推广、应用茶树机械化修剪采摘技术、茶叶自动化加工技术等主推技术，继续花力气创建一批茶叶产业"机器换人"示范基地。同时，要完善农机产品需求与科研导向目录制度，加强技术集成配套研究与示范，破解茶叶机械化采摘技术、茶叶机采后自动化流水线加工技术等难题。要立足于本地茶叶品牌，做精做细茶产业"机器换人"这篇文章，加强对茶叶机械装备科研开发方向的引导，研发适合浙江省茶叶品种、栽培模式的农机装备。在茶产业规划中主动作为，充分考虑机械化因素，做好茶园宜机化改造和茶叶品种选育的谋划工作。

（二）要立足成熟技术有序推进全程机械化、智能化

要按照"缺什么、补什么"的工作思路，找准茶产业全程机械化的主攻方向，加快引进、试验、示范先进、绿色、智能农机装备，补齐短板，推进茶产业转型升级。大力推进机械化与人工智能、物联网等现代化信息技术、数字化技术的融合应用，加快浙江省"数字农机"进程。继续抓好茶叶生产机械化推广试点示范工作，试验推进茶园机剪、机采、机耕、机防"四机"配套集成技术，使之成为茶叶主推技术。同时，要注意适当引进推广红碎茶、黑茶以及抹茶等精深加工机械化技术等，提高机采茶叶鲜叶的利用率，促进茶产业提质增效。

（三）要立足长远大力推进农机标准化建设

要立足本地茶产业，以农机农艺融合攻关机械化生产集成技术和智能化技术，完成技术规程形成模式，用于推广。要加强茶叶生产机械化推广示范，推进茶叶加工自动化、智能化与标准化建设。要继续推进标准化名茶厂的建设和初制茶厂优化改造，加强茶叶连续化加工流水线的研发与推广，实现茶叶加工清洁化、连续化、规模化，不断改进加工装备条件和加工工艺，提高茶叶加工现代化水平。

中药材存在的主要问题和制约因素：一是浙江省中药材品种繁多，生产环节要求也不相同。如在播种机械方面，不同中药材种子的情况，种植的株行距、播种量、保苗株数和播种深度等都不同，生产机械总体需求型号广泛，在功能方面要求高、细节问题多。通用机械宜机化程度不高，可供选择的机具少，亟须相应的专门机械。二是种植基地分散。农户中药材种植普遍存在地域散、面积小、品种多的状况，没有大面积连片种植，难以统一管理，形成规模效益。田间种植的中药材所需要的精量穴播流水线、精密播种机等机械，由于种植的面积小、规模不大，一些机械设备难以推广运用，基本上都是人工按照

老方法培育。三是中药材生产采收季节短，部分种在丘陵山区，缺少机耕路，通行条件差。

针对以上问题，浙江省中药材生产的机械化发展，应加强农机农艺融合和产学研推融合。在农业机械研发中，不仅要考虑中药材生产的特殊性，还要考虑农业机械的小型性和通用性。应开展各生产环节机械基础性能研究，通过关键部件的研发，合理选择结构参数，实现特定的功能，研制出目前亟须的新型适宜的农业机械，并对现有农机具进行技术改造升级。同时要推进中药材标准化、规模化生产，制订适宜中药材机械化技术、与栽培模式相配套的技术规范来指导生产。强化政策引导，加大对中药材生产机械的研发和使用的扶持力度，将适宜的中药材农机装备列入购置补贴目录，提高农户购机和使用的积极性。

附表 2-6-1　浙江省茶叶机械化生产技术装备需求情况

附表 2-6-2　浙江省中药材机械化生产技术装备需求情况（林间种植类）

附表 2-6-3　浙江省中药材机械化生产技术装备需求情况（田间栽培类）

附表 2-6-1 浙江省茶叶机械化生产技术装备需求情况

适宜机械化作业环节		现有机具数量（台、套）	估算还需要机具数量（台、套）	所需机具装备基本作业性能描述（作业效率、技术规格等）
宜机化改造机械		95		
耕整地机械		5 660	100	微耕机（作业效率 0.6 亩/小时以上）
施肥机械		10	130	开沟施肥机（开沟施肥深度 20 厘米，作业效率 2 亩/小时以上）
田间管理机械	中耕机械	3 274	595	中耕机、田园管理机、除草机
	修剪机械	31 698	508	修剪机（作业效率 0.3 亩/小时以上）
	植保机械	108 250	586	担架式喷杆喷雾机（作业效率 3 亩/小时以上）、无人机（作业效率 70 亩/小时以上，续航能力强，承重量大，山地避障高度适应性能好）、茶园防霜机
	合计	143 222	1 689	
采收机械		4 833	736	单人采茶机、采摘机
排灌机械		24	30	
运输机械		306	53	
茶叶加工机械		256 016	4 146	扁形茶炒制机、茶叶加工自动化流水线、揉捻机、智能杀青机、色选机、全自动理条机、20 平方的烘干机、480 立方冷库、风选机、自动化煽炒机、储青槽、颗粒燃烧机、小泡袋包装机等
合计		410 166	6 884	

附表 2-6-2 浙江省中药材机械化生产技术
装备需求情况（林间种植类）

适宜机械化 作业环节		现有机具数量 （台、套）	估算还需要机具 数量（台、套）	所需机具装备基本作业性能描述 （作业效率、技术规格等）
施肥机械		—	6	开沟施肥机
田间 管理 机械	中耕机械	7	18	除草机、培土机
	修剪机械	104	15	电动剪枝机、割灌机
	植保机械	—	50	电动喷雾机
	合计	111	73	
收获机械		—	100	块茎类挖掘机
排灌机械		150	50	水泵
运输机械		5	2	轨道运输机、田园搬运机
合计		266	231	

附表 2-6-3 浙江省中药材机械化生产技术装备需求情况（田间栽培类）

适宜机械化作业环节		现有机具数量（台、套）	估算还需要机具数量（台、套）	所需机具装备基本作业性能描述（作业效率、技术规格等）
耕整地机械		1 800	—	
育苗机械		3	—	
田间管理机械	修剪机械	200	—	
	植保机械	25	—	
	合计	225	—	
收获机械		—	800	块茎类挖掘机（适应旱地作业）、杭白菊采收机
运输机械		3	—	
合计		2 031	800	

安徽省茶叶生产机械化技术装备
需求调查与分析

一、产业发展现状

（一）种植历史

安徽省是我国重要的产茶省份之一，茶叶生产历史悠久，西汉末年就有种植茶叶的历史记载；东晋时期，有记载显示安徽向朝廷进贡茶叶；从唐代开始就有六安茶、天柱茶、九华山茶、歙州方茶等名茶畅销大江南北；清代时"屯绿""祁红"成为当时出口的主要茶叶。安徽的茶叶不但生产历史悠久而且品质优良，其中黄山毛峰、六安瓜片、祁门红茶、太平猴魁、霍山黄芽等在国内外都享有较高的声誉，各种"中国十大名茶"中安徽往往能列数席。

（二）分布区域

安徽省位于长江中下游地区，长江南北的山区和丘陵地带属亚热带季风气候，土壤肥沃，植被丰富，雨量充沛，生态条件得天独厚。安徽省茶叶种植主要集中在皖南山区和皖西山区，皖南山区茶叶种植主要分布在黄山市、宣城市、池州市、芜湖市、铜陵市，皖西山区茶叶种植主要分布在六安市、安庆市。

（三）产业发展

至20世纪90年代初，安徽省茶园面积仍居全国第二、三位，产量位居前五。近年来，全省茶叶生产存在一些问题，制约了其发展。2019年，全省茶园面积、产量、产值仅分别位居全国第7位、第8位、第8位，茶叶出口金额第3位。

2019年，安徽省茶园面积304.2万亩，干毛茶产量14.18万吨（其中绿茶产量12.36万吨，红茶产量稳定在1万吨，黄茶、黑茶产量分别达到0.79万吨、0.05万吨），其中名优茶干毛茶产量6.7万吨，大宗茶7.48万吨；茶叶综合产值471.44亿元，其中第一产业产值145.54亿元，亩产值5 191元；从事茶叶生产相关人员数达到200余万人。茶叶也成为安徽省山区经济的支柱产业，为山区农民增收致富起到了重要作用。

二、茶叶生产机械化发展现状

安徽省茶叶生产机械化各环节差异很大，只有茶叶加工环节机械化水平较高、技术和设备较为成熟，基本实现了机械化；修剪环节和大宗茶采摘环节机械化水平发展也较快，其他环节机械化技术运用均处在起步和探索阶段，有的环节尚无机可用。

（一）茶园管理机械化

茶园管理机械化包括施肥、中耕、修剪、植保、采收等作业环节。从调研结果来看，茶园管理机械化水平整体相对较低，仅在茶树修剪环节能水平相对较高，其他环节尤其是中耕、施肥环节因丘陵山区地形影响，机械化水平不足，成为制约茶叶生产机械化的薄弱环节。

1. 茶树修剪环节 茶树修剪是茶园管理中一项重要的技术措施，幼龄茶树、成年茶树和老茶树均需要通过不同程度的修剪来达到增产的目的。安徽省茶树修剪环节多使用单人茶树修剪机、双人茶树修剪机及重修剪机进行作业，单人茶树修剪机在丘陵山区复杂地形上适应性更高、机具数量更多，双人修剪机不适应高山地区坡度较大的茶园，保有量相对较少。截至 2019 年，安徽省有茶树修剪机 90 995 台，茶叶机械修剪面积 155.1 万亩，机械化水平达到 51.0%，调查结果显示安徽省部分县、区茶树修剪环节机械化水平已达到 100%。

2. 耕整地环节 茶园耕整地包括中耕除草等作业，对茶园土壤进行耕翻、整地、中耕、培土等作业可以起到疏松土壤、提高土壤通透性以及增加土壤有机质含量等作用，安徽省茶园耕整地环节使用的机具主要为微耕机、田园管理机；除草环节可以通过耕整地作业将杂草除去，也可以用便携式除草机进行除草作业。因安徽省山区茶园种植地区多为丘陵山区，很多山区茶园没有专门的机耕路，园区道路狭窄、崎岖不平，机具难以上山作业，只有小型机具可以通过人工抬到山上进行作业；同时由于有的山区茶园土质硬、土壤板结并且石块多，微耕机、田园管理机等耕整地机具适应性还是需要进一步改进。安徽省茶园的耕整地环节是茶园生产管理中的薄弱环节，2019 年全省茶园机械化中耕面积 61.9 万亩。

3. 施肥环节 为了满足茶树的生长需要、确保茶叶产量，安徽省的茶园管理一般要求每年对茶园施肥一至两次，这个环节目前还是以人工作业为主，由于目前适应安徽省山区茶园的专用施肥机具少，机械化施肥方式主要是微耕机配套开沟机开沟后再人工撒施肥料于沟内。由于丘陵山区地形和道路的限制，只能选用轻便型的开沟机进行作业，施肥要求开沟深度为 15～20 厘米。山区土壤板结、土质硬，小型的开沟机往往因为动力不足而达不到开沟深度。茶园专用施肥机可一次性完成开沟施肥覆土作业，但对于丘陵山区的适应性还有待提高。部分经过标准化改造的茶园安装了水肥一体化设备，但也尚处于试验阶段。2019 年，安徽省茶叶机械施肥面积 34.7 万亩。

4. **植保环节**　安徽省茶园植保环节主要采用背负式机动喷雾机、电动喷雾机等植保机具进行作业，此类机具对丘陵山区地形适应性好，但作业效率、植保效果和安全性还有待提高。近年来，各地也相继开展了无人植保机进行茶园植保作业的示范推广，与背负式机动喷雾机相比它具有灵活性强、喷洒均匀、节水节药、效率高的特点。无人植保机在坡度较小、环境空旷、集中连片的茶园中，植保优势体现得更为明显，但在位于高山、地形复杂的茶园，无人植保的操控难度更大一些，有待进一步研究、探索。有部分茶园因地理位置、自身品种、茶叶种类等原因，对茶叶品质和生态环境保护的要求更为严格，不能采用化学植保的方式，而需采用生物和物理防治的方法，如安装太阳能杀虫灯、扦插黏虫黄板等进行病虫害的防治。2019 年，安徽省茶园机械化植保面积 119.3 万亩，机械化植保水平达到 39.2%。

5. **采摘环节**　茶叶采摘环节是茶园生产中用工量最大的环节，占整个茶叶生产环节用工量的一半，目前国内茶叶采摘机械仅能做到大宗茶的采摘，名优茶目前只能依靠人工采摘作业。安徽省名优茶生产占全省的 50% 左右，所以茶叶采摘环节是制约茶园全程机械化发展的重要因素。安徽省目前使用的采摘机具主要有单人采摘机和双人采摘机两种，单人采摘机相对来说对丘陵山区、复杂地形的适应能力更强，所以安徽省的采茶机也主要以单人采茶机为主。2019 年，安徽省采茶机保有量 11 877 台（包括单人和双人采茶机），茶叶机械化采收产量 39 676 吨。

（二）茶叶加工机械化

相对于茶园管理环节，在加工方面除了特殊品种的茶叶加工需要部分人工外，安徽省茶叶加工机械化水平相对较高。茶叶加工环节机具种类多、机型齐全，包括杀青机、揉捻机、理条机、烘干机等，基本满足了全省茶叶加工需要。目前安徽省的茶叶基本上已实现机械化加工。

（三）宜机化改造

安徽省于 2020 年开始进行丘陵山区农田宜机化改造试点工作，选择了 10 个县区开展宜机化改造试点，目前项目还在实施阶段，机具及技术需求尚需进一步验证总结。

（四）茶叶机械生产企业基本情况

调查样本县有 15 家茶叶机械生产企业，其中有 12 家均以生产销售茶叶加工机械为主，主要机具类型有杀青机、揉捻机、理条机、烘干机、输送机及颗粒燃烧机等。

从产品种类来看，茶机生产企业主要从事茶叶加工机具生产，缺少茶园管理环节机具的生产商；从生产能力来看，多数机具生产企业为小规模生产，有的年生产能力只有几十台，远不能满足当地茶叶生产需求。

三、制约茶叶机械化发展的主要因素

（一）丘陵山区地形复杂

安徽省茶叶生产主要集中在丘陵山区，地形比较复杂，茶园地形以缓坡、梯田和陡坡为主，限制了茶园管理环节机具的使用，只能以小、微型机械和单功能机械为主导，导致茶农在茶园耕整地、除草、施肥及采摘过程中使用机械的人力成本和时间成本大大提高，使得农业机械的优势不能充分展现。

（二）茶园基础设施薄弱

茶园管理机具对茶园的基础设施有一定要求，机耕路的修建，水、电的布局，茶园坡度、梯度及栽培方式等许多因素影响农业机械的使用。由于安徽省茶园多是种植多年的老茶园，在茶园建立初期没有综合考虑到农业机械的应用，很多高山茶园依然是崎岖不平的山区小路，微耕机、田园管理机这样的小型机具也很难行驶。

（三）先进适用机具短缺

目前安徽省茶园管理环节应用的农机具主要是小型、微型农业机械，功能单一，机具性能、技术可靠性较差，缺乏适用于丘陵、坡地的茶园中耕、施肥、名优茶采摘等机具。茶叶机具由于研发难、利润薄、单型号机具市场规模小，农机企业不愿涉足，除了技术较为成熟的微耕机、加工机械等，更不愿投入大量人力、财力去研发新型适宜山区茶园的中耕、施肥、名优茶采摘等机具，无机可用、有机难用的现状制约了茶园生产机械化。

（四）农机化发展意识薄弱

丘陵山区从事茶叶生产的农民的文化程度相对较低，年龄结构普遍偏大，这导致农民对农业机械化的认识比较不足，不能及时、全面地了解到农业机械发展和更新信息；同时受土地条件和生活环节的限制，农民习惯于自给自足的小农生产经营，对于新理念、新型机械、新技术的接纳程度不高，从而导致农业机械化的发展在山区比较缓慢。

（五）茶园生产集约化程度低

传统的农户都是分户经营，导致全省茶叶生产经营呈现小、散、弱的特征。分散经营使资金和人员得不到有效利用，调动不了茶农应用农业机具和农机技术的积极性，增加了农业机械生产的成本，使得农业机械的效益不能体现出来，也不能很好地提高劳动生产效率。

（六）农民购机积极性低

农业机械对部分相对落后的山区来说，购买和使用的费用都比较高，且一些适用的农机不在补贴范围或者补贴比例偏低；现有茶叶机械的作业时间集中，作业后闲置时间长，没有得到充分利用，使用效益低。此外，对于丘陵山区来说，茶叶机械的维修和售后都比较困难，这些原因导致农户仍然愿意使用传统的劳动方法，而不愿意接受先进的农业机械，在一定程度上制约了茶叶生产机械化发展。

四、茶叶生产机械化技术和装备需求分析

茶叶是安徽省重要的经济作物，2019 年安徽省主要农作物综合机械化水平已达到 80.01%，而茶叶生产只在采摘和加工环节机械化水平相对较高，耕整地、施肥、名优茶采摘环节无机可用、有机难用，还在起步阶段，与主要农作物机械化水平比较相差甚远。随着农村劳动力的逐渐减少，机械化水平低成为制约安徽省茶叶发展的重要因素，茶叶生产各环节机械化技术与装备的完善与发展也越来越迫切，结合调查，分析安徽省茶叶生产机械化技术和装备需求如下：

（一）耕整地环节

由于安徽省茶园大多位于高山区域，全省耕整地环节迫切需要具备以下性能的机具：一是小巧灵活、便于移动，能在山区机耕路条件不佳的情况下方便运输的；二是动力强劲，能在茶园土壤板结、土质硬的情况下，达到较好的中耕培土、开沟、除草的作业效果的；三是质量性能稳定、适应性强，能够满足在坡度较大的山区茶园作业需求的。

（二）施肥环节

针对安徽省山区茶园施肥无机可用的问题，对适应山区茶园专用施肥机具的研发是迫切需求，施肥机具需要具备小巧灵活、方便转运、动力强劲、性能稳定的特点，同时能施复合肥和有机肥。水肥一体化滴灌设备具有节水、节肥的特点，可以达到节本增收、保护生态环境的作用，是值得茶园推广和应用灌溉和施肥方式。

（三）植保环节

随着经济的发展，国家对茶叶及食品安全要求越来越严格，如何提高植保机械农药利用率、降低农药施用量、减少农药残留是茶叶植保机具迫切需要解决的重要问题。目前安徽省茶园常用的背负式机动喷雾机虽然相对人工具有效率高、省时省力的优点，但是相对大田作物常用的无人植保机、喷杆式喷雾机等高效植保机具来说，还具有剂量大、粗放、劳动强度高的缺点，因此适宜山区茶园生产管理的"高工效、低喷量、精喷洒、低污染"高效植保机具才是茶园植保机具的发展方向。调查结果显示，无人植保飞机在茶园植保环节有一定的优势，但在高山复杂地形下无人植保飞机的适应性还需要进一步的提高；利用茶园智能化太阳能物理杀虫机械进行物理防控，也将是茶园一项重要的病虫害防治措施。

（四）采摘环节

安徽省是传统的名优茶生产大省，名优茶的采摘却还全部依赖人工，目前的茶叶采摘机无法做到名优茶要求的"一叶一心""两叶一心"。名优茶采摘机具的研制和应用是解决茶园生产环节机械化问题的重要内容，仍然需要相关企业深入研发。

（五）加工环节

安徽省部分老茶区受自身经济发展水平限制，茶企、茶农自身投入能力弱，茶叶加工清洁化改造进展缓慢，家庭作坊式加工依然存在。同时，茶叶加工厂建设用地仍然存在审批难的问题，部分加工厂设备更新速度慢，茶叶清洁化、标准化生产加工能力不足。随着安徽省茶叶产业的不断发展，清洁化、装备配套规范化、智能化的茶园加工设备将有很大市场。先进的微波、气热、远红外杀青、干燥等清洁环保加工设备，色选分级设备，保鲜冷库，茶叶检测设备等也会有一定需求。

调研结果显示，山区轨道自动运输设备、园区内电动运输车等肥料、茶叶运输设备也是茶园生产环节迫切需求的机具。

五、茶叶生产机械化未来工作措施

（一）加大丘陵山区宜机化改造力度

丘陵山区地形复杂是制约茶叶生产机械化发展的主要因素，在适宜的地区开展宜机化改造，通过使地块坡度变缓、作业四角减少、机械行进路线拉长等方式，解决茶园管理环节农机"下田难""作业难"等问题，是实现茶叶生产机械化的重要途径。

（二）加强茶园标准化建设

加强中低产茶园改造、高标准茶园建设，对现有的老茶园结构进行调整，逐步做好茶园种植面、道路、栽培方式及水电等整体规划建设，修建园区的干、支线的机耕道，便于机具、肥料、茶叶的运输；在新建茶园进行标准化种植，合理规划行株距，满足茶园管理各环节农业机具行间行走的需求，夯实生产基础，建成一批基础设施完善、品种结构合理、管理标准化的绿色、生态、高效生产基地，创造更适合机械化作业的标准化茶叶。

（三）加大政策扶持和资金投入

一是充分利用购机补贴政策的导向性，进一步加大对优质高效、先进适用的茶叶生产机具的购机补贴力度，优化农机补贴范围和相关产品种类，调动农民购机积极性，引导农民选用适宜丘陵山区的茶叶生产机具；二是加大在茶叶机械研发和机械化技术推广的资金投入，争取丘陵山区茶叶生产农机示范基地项目资金，形成以点带面、全面辐射、共同推进的良好氛围。

（四）加快农机社会化服务体系建设

一是加快培育茶叶专业合作组织，规模化经营才能有效提高机械的使用效率，它是茶叶机械化发展的必备条件；二是通过进一步扩大宣传，采取更加有效的激励政策和扶持措施，引领合作社在茶叶生产各环节积极应用农业机械和农机技术；三是建立完善基层农机推广服务体系，建立一支结构稳定、素质高、战斗力强的专职农机推广服务队伍，确保其有工作资金保障，有时间、精力做好茶叶生产中新技术、新机具的试验、示范、推广、应用；四是建立健全创新机制，如建立奖励激励机制，鼓励适应山区茶园作业新机具的研发，提高相关部门、机构、农村能人研发当地适用且处于市场空白的茶叶生产加工机具的积极性，提升丘陵山区农机化水平。

（五）加快机艺信融合

一是加强科研院校、农机生产企业的沟通协作，提高协同攻关力度，提升茶叶生产各环节农业机械的研发力度，开发适宜农业机械作业的茶园生产管理农艺配套技术，补齐茶叶生产全程机械化技术和装备的短板。二是加快推进茶叶产期全程机械化综合性农事服务中心建设，通过项目建设引导使用先进科学技术，弥补信息化建设短板弱项，用信息化手段助推管理精细化、提高农机利用率，提升管理水平，"以点带面"加快推进茶园关键生产环节机械化，带动茶园机械化作业质量和效率。

附表 2-7-1　安徽省茶叶机械化生产技术装备需求情况

附表 2-7-1 安徽省茶叶机械化生产技术装备需求情况

适宜机械化作业环节		现有机具数量（台、套）	估算还需要机具数量（台、套）	所需机具装备基本作业性能描述（作业效率、技术规格等）
耕整地机械		4 812	3 120	微耕机（轻巧、动力足，作业效率 0.5 亩/小时以上）、小型松土机
施肥机械		—	3 290	中耕施肥一体机、施肥机（轻巧、动力足，作业效率 0.5 亩/小时以上）、撒肥机、开沟施肥机（作业效率 10 亩/小时以上）
田间管理机械	中耕机械	6 409	3 420	除草机、开沟除草起垄一体机、田园管理机
	修剪机械	110 187	18 771	单人修剪机（作业效率 0.4 亩/小时以上）、电动修剪机（轻便、锂电池，作业效率 0.4 亩/小时以上）、双人修剪机（作业效率 8～10 亩/天以上）、割灌机（作业效率 0.25 亩/小时以上）
	植保机械	24 006	12 723	灭虫灯、太阳能杀虫灯、机动喷雾机、电动喷雾机（轻便，使用锂电池，作业效率 0.4 亩/小时以上）背负式喷雾机（作业效率 3～5 亩/小时）、植保无人飞机
	合计	140 602	34 914	
采收机械		16 303	11 688	双人采茶机、单人采茶机（75 千克/小时）、采茶机、电动采茶（35 千克/小时）
排灌机械		24	400	水肥一体化设备
运输机械		3	60	轨道运输机
茶叶加工机械		110 112	4 380	茶叶理条机、烘（炒）干机、扁茶炒制机、杀青机、揉捻机、清洁化加工生产线、萎凋机、烘焙提香机、压扁机、包装（喷码）机、运输机、分拣机、摊青机、红茶调味机、茶叶贮青机
合计		271 856	57 852	

安徽省中药材生产机械化技术装备
需求调查与分析

安徽省自然条件优越，生态环境多样，中药资源十分丰富，各县市均有不同种类分布与栽植；安徽重视中药材资源保护，将中药材产业列入省政府"十二五""十三五"规划和省政府"861"新兴产业重点发展计划，多次出台多项相关政策，扶持支持中医学和中药材发展，并在全省规划十大产业基地，目前中药材产业发展形势良好。

一、中药材产业发展现状

（一）产业基本情况

1. **资源状况**　安徽省中药材资源极为丰富，已查明中药材品种达 3 578 种，其中植物类药材 2 904 种，动物类药材 526 种，矿物类药材 92 种，其他类 56 种，居华东地区首位、全国第六位。常用道地药材 300 余种，年产量在 100 吨以上的 20 余种，亳州白芍、铜陵丹皮、歙县贡菊、岳西茯苓为安徽最著名的四大皖药。

2. **药材种植面积**　全省中药材种植面积为 175 万亩左右（据《安徽省中药产业发展"十二五"规划》），约占全国面积的 3.7%。亳州是安徽省栽植中药材面积最大的地级市，六安是安徽省中药材资源最为丰富的地级市。省内主要优势产区面积及栽培品种见表 2 - 8 - 1。

表 2 - 8 - 1　安徽省中药材优势产区面积及栽培品种

优势产区	市别	面积（万亩）	主要栽培品种
皖北家种生产区域	亳州	60	白芍、白术、白芷、牡丹、桔梗、薄荷、菊花等
	阜阳	20	桔梗、板蓝根、薄荷、白术、穿心莲等
皖西大别山特色生产区	六安	20	石斛、皖贝母、断血流、茯苓、天麻、灵芝、柴胡、苍术、半夏等
	安庆	14	葛根、茯苓、瓜蒌、夏枯草、活血藤、虎杖、香附子等

（续）

优势产区	市别	面积（万亩）	主要栽培品种
皖南山区生产区域	池州	10	山茱萸、杜仲、丹皮、绞股蓝、桔梗、白术等
	宣城	10	宣木瓜、太子参、宁前胡、灵芝、瓜蒌、乌梅等
	黄山	9.4	贡菊花、杜仲、山茱萸、金银花、垂盆草、枇杷叶等
	芜湖	8	丹皮、辛夷花、珍珠、杜仲、菊花、射干、玄胡、河蚌珍珠等
其他生产区域	滁州	19	滁州菊、甜叶菊、银杏等
	铜陵	1	牡丹、白芍、桔梗、白术、杜仲、枳壳、丹皮等
	淮北	1	蟾蜍、板蓝根、半夏等

3. 中药材生产能力　安徽现有中成药生产企业 91 家，中药饮片生产企业 23 家，从事 20 余个剂型、400 多种中成药的生产，拥有国内规模最大的药材专业市场即中国（亳州）中药材交易中心，该中心日上市量达 6 000 吨左右。

（二）调查基本情况

本次调查以抽样为主，抽取样本对象依据《安徽省中药产业发展"十二五"规划》，参考统计年报中的种植面积和区域特色，兼顾区域分布。采取问卷、走访、电话访问三种调查方式，以问卷调查为主，共抽取 6 市 17 县（市区），样本单位分布于皖北平原、皖中丘陵、皖南山区和皖西大别山脉。抽样具有广泛的代表性，抽样单位占全省县（市、区）的 16.2%。中药材田间栽培类约 15.77 万亩，林间种植类 3.55 万亩，根据现有统计数据分析，各环节均有不同程度的机具使用。

二、中药材产业优势

（一）悠久的栽培习惯

安徽是传统的中药材资源大省，中医和中药材代代相传，不论是民间或官方都比较重视中医和中药材的传承。尤其是近年来，全省各级政府纷纷出台多项政策扶持中医和中药材发展，仅省级层面就连续出台"十二五""十三五"发展规划指导全省中医和中药材发展，"十二五"建立了"十大皖药"产业示范基地，"十三五"新增十七个"十大皖药"产业示范基地。安徽中药材生产加工正朝着集约化、产业化、专业化方向发展。

（二）产加销同步发展

生产环节多以公司流转承包耕地或"公司＋农户"和"合作社＋药农"生产模式为主，由公司或合作社提供"统一供种、统一种植、统一管理、统一收获、统一销售"的"田保姆"式服务，提高药农抵御市场风险的能力，降低盲目种植造成的损失；加工环节多采用"政府搭台，企研结合、企校联合"的运作模式，加工企业专注生产，科研院所负责新技术研发，政府承担营商环境的创建。据统计，安徽有现省级中药材龙头企业 27 家，饮片加工企业 65 家、制剂生产企业 11 家、中药提取物企业 10 家，其中饮片产量占全国 25％。

安徽拥有全球最大的中药材贸易中心和全国最大的中药材提取物加工生产基地、中药材规模化种植基地、中药产业集聚群，其物流、商流、信息流、资金流融合发展。

（三）栽植热情比较高涨

调查得知，安徽省中药材栽植区域特征明显，且连片栽植比较普遍。公司带大户、大户带小户、小户互相串联，只要有一家一片带头栽植，且取得较好收益，周边群众就会主动模仿学习，以一带十，很快形成一片产业，中药材市场火爆，中药原材料供不应求，栽植效益高于粮油效益，群众的栽植积极性较高。

就农机化生产方式而言，耕整地环节，皖北平原地区基本实现机耕机整，与粮油大宗作物机械化水平完全相当；皖中江淮丘陵地区，因动力装备和配套机具数量稍减，只有耕深略浅，其他也基本实现机耕机整；皖南和皖西高山区，动力装备和配套机具更小型化，只有部分实现机耕机整，且质量不高，在高山险地还全部由人工作业。另外，一些相对更加稀少名贵的中药材（如灵芝、石斛等），因生长条件苛刻，虽已驯化并采用设施栽培，但也无法实现种植机械化。栽植环节（育苗、播种、移栽），因品种不同、栽植环境不同、生产习惯不同，栽植方式十分复杂，不论是育秧、播种还是移栽，几乎全部都靠人工劳动。管理环节（修剪、施肥、除草、植保），平原丘陵区仅有植保实现机械化，修剪、施肥、除草等还需人工劳作，无人机飞防中药材效果存在争议。收获环节，平原丘陵区以根茎类入药的中药材，基本实现分段收获机械化；以鲜花、种子（果实）、茎叶或皮等入药的，仍然是人工劳作为主；在山区，管理环节只能人工生产为主。园内转运环节，其机械化水平规律是设施栽培高于平原区，平原区高于丘陵区，丘陵区高于山区。

三、中药材产业存在的问题

（一）产业集群程度低，专业化水平有待进一步提高

1. **规模不足**　安徽省中药材产业虽然根据区域特点进行了功能划分和优化组合，但总体规模不大。存在产业间关联松散、龙头企业（专业合作社）辐射带动能力不强、原料（药）销出比重大、增值深加工不足、品牌保护意识弱化、知名度低等问题。"订单式"生产模式遇到市场利益冲击"订单"变"飞单"。

2. **人才不足**　中药材产业缺乏专业人才，原种保护意识不强。对野生品种的掠夺性开发造成资源匮乏，特有品种（如霍山石斛、铜陵凤丹等）因种源保护不当使得"李鬼"盖过"李逵"，大宗品种粗放性经营减损严重，栽培技术普遍缺乏。

3. **中药材自主性科研能力不足**　安徽省产业链上下游连接不畅，理论研究与生产实践不能完全互适。

（二）技术路线不明晰，生产模式有待进一步提纯

1. **"一村一品"模式**　"一村一品"的推进增加了农民收入、加快了脱贫进程。但"一村一品"生产形式带来了产业规模小、模式多、品目复杂等客观事实，多样化的需求不利于大规模的机械化作业。

2. **中药材栽培产业农机化技术推广部门参与度不高**　现有的中药材生产模式普遍缺乏农机化技术支撑，农艺部门提出的生产模式往往过度重视农艺的适应性，忽略了农机装备的重要性，即便是大宗中药材（如薄荷、板蓝根、桔梗等）也没能总结出相对成熟的技术路线和作业模式。

3. **缺少规范性栽植模式研究**　通过调查走访发现，安徽省中药材产业发展基本上是先有市场需求再有生产栽植。一个企业（合作社）先行示范，周边群众模仿种植，企业（合作社）通过市场行为规定产品规格，群众根据企业要求栽植适应企业规格要求的作物，如此往复。在生产中虽然形成了栽植模式，但这样的栽植模式带有明显的区域特点，复制推广价值不大，容易造成"南橘北枳"现象。

（三）生产工具落后，农机化水平有待进一步提升

从农机化生产角度调查得知，安徽省中药材的生产过程非常落后，各环节（耕整地、栽植、田间管理、收获运输）机械化生产率几乎无法统计。具体原因如下。

1. **无机可用** 平原丘陵区田间栽培类中药材耕整地和田间管理（病虫防治）环节多使用大宗粮油生产机具，基本实现机械化，但运输环节只有常规三轮农用运输车，设施栽培只有少部分轨道运输，栽植（播种、移栽、扦插）环节90％以上靠人工。山区林下种植模式各个环节90％以上依靠人工作业。

2. **无好机用** 即便是部分环节使用了机械，比如植保，因中药材种植模式复杂（平作、垄作并存、行距、株距不同及时间、空间的多样性），现有自走式高效植保机无法完全满足农艺要求，植保无人机在林下作业受环境影响也不能正常开展作业。

3. **有机难用** 现有的山区小型常用机具，如田园管理机、中耕除草机、施肥机、开沟机等，也不能完全满足中药材种植使用需求，有机难用。

调查还发现，许多中药材生产者为满足实际生产需要，利用现有的农机装备进行功能改造，增加了实用性，但同时安全系数也在降低，许多农机装备甚至是未经过农机鉴定部门鉴定、未取得推广证的"三无"劣质机具，给生产带来安全隐患。

四、中药材产业农机化发展方向和工作建议

《国务院关于加快推进农业机械化和农机装备产业转型升级的指导意见》（国发〔2018〕42号）下发后，农机化转型升级有章可依，以此为起点，安徽省启动了全面机械化技术示范推广工作。一年来，全省农机推广系统围绕"全面机械化"开展了一系列调查调研活动。安徽中药材发展应从以下几个方面发力：

（一）树立农机化是中药材现代化建设的重要手段这一理念

同大宗粮油一样，要发展现代化中药材产业，提高中药材经济效益、增加药农收入、减轻劳动强度、改善药材品质，农机装备不可替代。从现在起，农机化技术推广人员要拿出推广大宗粮油作物机械化技术的干劲和拼劲，做好中药材农机化技术推广示范工作。

（二）规范中药材地理标志农产品登记行为，加快推进中药材生产农机化标准制定

品牌就是资源、资源就是效益，加强特色中药材原产地资源的科学利用，加强大宗中药材生产品牌保护，适时推进中药材地理标志农产品登记工作。协调农艺部门，加快推进中药材农机化标准的编制。

（三）以项目为引领，加快培育有农机化专业背景的中药材生产技术人才

各级政府应逐步加强对中药材产业的支持力度，增加财政投入，统筹项目实施规划，把中药材生产纳入农机化"试验示范"项目中来，依托完善的农机推广体系，继续推广"公司（合作社）＋农户"生产模式，培育龙头企业，培养既懂农艺又懂农机生产的复合型中药材人才。

（四）坚持市场导向，打造中药材全产业链协同发展新格局

中药材机械化技术推广有别于粮油生产机械化，它更加靠近市场。要发挥市场引领作用，科学推进"产—加—销"各环节同步发展。

附表2-8-1　安徽省中药材机械化生产技术装备需求情况（林间种植类）
附表2-8-2　安徽省中药材机械化生产技术装备需求情况（田间栽培类）

附表 2-8-1 安徽省中药材机械化生产技术 装备需求情况（林间种植类）

适宜机械化 作业环节		现有机具数量 （台、套）	估算还需要机具 数量（台、套）	所需机具装备基本作业性能描述 （作业效率、技术规格等）
耕整地机械		—	100	开沟机
施肥机械		169	—	
田间 管理 机械	中耕机械	198	—	
	修剪机械	351	15	电动剪枝机
	植保机械	2 348	12	无人机、担架式喷雾机
	合计	2 897	27	
收获机械		11	—	
排灌机械		540	—	
运输机械		106	—	
合计		3 723	127	

附表 2-8-2 安徽省中药材机械化生产技术装备
需求情况（田间栽培类）

适宜机械化 作业环节		现有机具数量 （台、套）	估算还需要机具 数量（台、套）	所需机具装备基本作业性能描述 （作业效率、技术规格等）
耕整地机械		423	—	
种植 施肥 机械	育苗机械	3	—	
	播种机械	227	—	
	栽植机械	21	—	
	合计	251	—	
中耕机械		10	—	
收获机械		298	—	
排灌机械		14	—	
运输机械		360	—	
合计		1 356	—	

福建省茶叶和热带、亚热带作物生产机械化技术装备需求调查与分析

福建省地处祖国东南沿海，境内多山，素有"八山一水一分田"之称，全省耕地面积120多万公顷，仅占总土地面积的10.64％，耕地少、后备耕地资源有限，使农业生产的发展受到了一定限制；地处中、南亚热带，年平均温度17~21.3℃，年降水量1 100~2 000毫米，充足的热量和雨量为农作物的生长发育和多熟种植提供了良好的气候条件；境内生物种类繁多，地方品种丰富，现有植物种类3 000种以上，丰富的植物种质资源为农业的多种经营和全面发展提供了有利条件。

一、产业发展现状

（一）茶叶

福建是最适宜茶叶生产的地区之一。品种包括武夷岩茶（大红袍、肉桂）、安溪铁观音、福鼎白茶、永春佛手茶、茉莉花茶等，乌龙茶和白茶更是福建特有的优势茶叶。2019年全省茶叶种植面积329.7万亩，产量44万吨，一产产值238亿元，面积、产量和产值均居全国第一。在福建武夷山、安溪、闽东等很多地区，茶产业已是当地政府财政和农民收入的主要来源。

（二）热带和亚热带作物

福建省热带和亚热带作物主要包括枇杷、蜜柚、火龙果、百香果等，其中枇杷主要分布在福清市，种植面积约5万亩，年产量约5万吨，亩产量约1吨，产值10亿元，从业人员约5 000人；蜜柚主要分布在平和县，全县蜜柚种植面积达70多万亩，年产量150万吨，全县总人口61万多人，其中40多万人从事蜜柚相关产业，全县农民80％的收入也来自蜜柚；火龙果主要分布在福清市、漳浦县、长泰县、南靖县，种植面积约0.83万亩，年产量约2.16万吨，产值约1.42亿元，从业人员1 800余人。百香果主要分布于龙岩市永定区、新罗区和武平县，种植面积约0.75亩，年产量约0.9吨。

二、机械化发展现状

（一）茶叶

福建省共 138 家茶机生产企业，福建省农机生产企业的产品涵盖了植保、修剪、收获、加工、包装等茶叶生产机械类型，主要有茶叶修剪机、采茶机、萎凋机、杀青机、揉捻机、速包机、平板机、松包机、烘焙机、捡梗机、包装机及全自动生产线成套设备等，产品销往全国各地。

在国家农机购置补贴政策及项目的推动下，福建省茶树修剪、茶叶采收及采收后加工（揉捻、包揉、杀青、做青、烘干、烘焙、色选、提香、包装）均已实现机械化，但福建茶园多为丘陵茶园，仍存在以下问题：一是福建省茶园标准化建设水平低且宜机化改造力度不够，导致茶园机械化开沟、施肥、覆土水平仍比较低，有机肥深施环节处于"无机可用"的状态，茶农对开沟、施肥、覆土一体化机需求比较迫切；二是现有茶机采摘多为一刀切、无规则式采摘，采摘的茶叶品质不一、不便筛选，无法满足高端茶叶品质要求，茶农对高端茶叶精准采摘设备需求迫切；三是茶园杂草多，地块板结严重，现有锄草开沟设备多为小型微耕机、小型田园管理机，开沟深度不够，且易缠草，作业效果不佳，茶农对茶园锄草开沟专用设备的需求比较迫切；四是没有适用于山地、坡地茶园的专用微型培土机，目前市场上的培土机大都是通用类机械，不适用于茶园作业。

（二）热带亚热带作物

福建省热带、亚热带作物有枇杷、火龙果、蜜柚、百香果等，目前综合机械化水平均不到 10%，无机可用、无好机可用问题突出，生产仍以人工为主，劳动强度大、人工成本高。

1. **枇杷** 枇杷的开沟、施肥（水肥一体化）、收获（含采摘平台）等 3 个环节无适用的机械；枇杷肉质比较娇嫩，怕磕碰，田间转运、收获环节实现机械化难度大。

2. **火龙果** 火龙果的育苗、种植（播种、移栽）、收获 3 个环节目前无适用的机械；田间转运环节由于每户种植规模不大，只有个别规模种植使用轨道运输、田间运输车、水果分选机。火龙果总体种植规模小，种植户对机械化需求低，机械化推广难度较大。

3. **柚子** 柚子在中耕环节普遍使用割（灌）草机割草，已实现机械化。修剪环节已普遍使用电动修剪机。近年来，无人植保机广泛应用于蜜柚植保，效果显著，已实现机械化。但施肥、蜜柚树环剥（割）、收获环节均未实现机械化。

果农对果品糖酸度无损检测、果树电动智能环剥等机械化技术需求比较迫切。

4. **百香果** 百香果除耕整地、田间管理（喷药、洒水）环节有使用机械化技术外，育苗、种植（播种、移栽）、收获、田间转运等 4 个环节均未实现机械化生产，机械化水平很低。

三、下一步机械化发展方向和工作措施

（一）示范带动，稳步推广

在充分借鉴粮食生产全程机械化成功经验的基础上，把发展经济作物机械化生产纳入工作日程，实施统筹规划、制定科学措施、引进高新装备、培育新型人才、改善生产条件，以福建省优势特色农业产业为突破口，以示范基地为依托，通过不断引进、试验、优化新机具，进行机具选型、改进，最终选用适宜当地生产的农机具。

（二）政策扶持，重点突破

在经济作物机械化的技术推广过程中，要充分借助农机项目、购补政策等平台，重点引导经济作物示范基地、农机合作社和企业更换新型设备，为经济作物种植机械化提升提供足够的装备和技术，进而实现标准化生产、食品化管理、智能化控制和品牌化经营。

（三）研推结合，不断改进

目前对经济作物的研发力度不够、适应性不强，与农艺要求之间有较大差距，今后福建省各级农机推广部门将与产业体系部门联合攻关，充分完善第一手技术资料，研推共进，研制出适应不同区域农艺要求的经济作物新机具。

（四）技术突破，农机"智造"

提升茶叶和热带、亚热带作物机械产品科技智能化，重点研制智能化复合化作业机具。实现植物对象识别与监控系统的自动化、智能化，在茶叶、果树智能化采摘技术上进行突破。

附表 2-9-1 福建省茶叶机械化生产技术装备需求情况

附表 2-9-2 福建省热带亚热带作物机械化生产技术装备需求情况（林间种植类）

附表 2-9-3 福建省热带亚热带作物机械化生产技术装备需求情况（田间栽培类）

附表 2-9-1 福建省茶叶机械化生产技术装备需求情况

适宜机械化 作业环节		现有机具数量 （台、套）	估算还需要机具 数量（台、套）	所需机具装备基本作业性能描述 （作业效率、技术规格等）
宜机化改造		244	200	平地机
耕整地机械		3 206	1 603	微耕机（配套功率 2.5 千瓦，作业效率 0.5 亩/小时以上）、开沟机（作业效率 1 亩/小时以上，适用于山地茶园）
施肥机械		51	4 003	开沟施肥机（小型化、链式开沟，作业效率 1 亩/小时以上）
田间管理机械	中耕机械	540	3 236	培土机（适用于山地茶园）
	修剪机械	58 424	2 500	单人手提式茶树修剪机（作业效率 1 亩/小时以上）、修剪机（多功能一体机，能实现修剪、劈草等多用途，作业效率 1~2 亩/小时以上）
	植保机械	28 882	2 220	动力喷雾机（作业效率 2 亩/小时以上）、多旋翼农用遥控植保机（作业效率 15 亩/小时以上）、太阳智能化驱虫及喷灌系统（10 亩/套，500 千瓦/小时）、植保无人机
	合计	87 846	7 956	
采收机械		33 861	1 600	单人采茶机（部分要求锂电，电池电源直流 24 伏，割幅宽度 30 厘米，作业效率 30~50 千克/小时）、双人采茶机（80 千克/小时）
排灌机械		24	—	
茶叶加工机械		327 019	5 175	茶叶烘焙机、大茶叶滚筒杀青机、茶叶揉捻机、茶叶摇青机、大型真空机、解块机、压茶机、大型除湿机、干燥机（部分要求全自动）、提香机（多段式温度设定）、绿茶自动生产线（智能、节能、高效）、莲花型包揉整形机、红茶生产不落地生产线（智能、节能、高效）、红茶快速萎凋机、筛选机、综合做青机（小型作业效率 20 千克/小时以上）、自动发酵机（智能、节能、高效）、茶叶输送机等
合计		452 251	20 537	

附表 2-9-2 福建省热带亚热带作物机械化生产技术装备需求情况（林间种植类）

适宜机械化 作业环节		现有机具数量 （台、套）	估算还需要机具 数量（台、套）	所需机具装备基本作业性能描述 （作业效率、技术规格等）
田间 管理 机械	中耕机械	6 765	—	
	修剪机械	12 156	—	
	植保机械	22	—	
	合计	18 943	—	
排灌机械		285	—	
运输机械		423	—	
合计		19 651	—	

附表 2-9-3　福建省热带亚热带作物机械化生产技术装备需求情况（田间栽培类）

适宜机械化作业环节	现有机具数量（台、套）	估算还需要机具数量（台、套）	所需机具装备基本作业性能描述（作业效率、技术规格等）
播种机械	—	2	播种机
收获机械	60	—	
运输机械	—	1	履带输送机
加工机械	45	283	清洗机、分选机、取汁机、压汁机、冷藏库
合计	105	286	

江西省茶叶、中药材、热带作物生产机械化技术装备需求调查与分析

一、产业发展现状

江西省地处长江中下游南岸,是农业大省,农业资源丰富,生态资源优良。全省土地总面积16.69万平方公里,地形地貌大致是"六山一水二分田,一分道路和庄园"。全省耕地面积4 623万亩,水面面积2 500万亩。

江西省农产品资源丰富,庐山云雾、樟树药材、赣南脐橙、南丰蜜橘等久负盛名,初步形成了大米、蔬菜、水果、水产、水禽、生猪、肉牛、茶叶、油菜、中药材等十大主导产业。江西农业在全国具有得天独厚的优势和非常重要的地位,是长三角、珠三角和闽三角等地优质农产品重要供应基地。

江西茶叶,自唐朝以来便久负盛名,有着"唐载茶经、宋称绝品、明清入贡、中外驰名"和"茶盖中华、价甲天下"之美誉。茶叶是江西的传统产业,多产于江西北部山地,"庐山云雾""宁红"均为茶中名产。

近年来,为重振江西茶叶辉煌,江西每年整合1亿元资金集中扶持狗牯脑茶、婺源绿茶、庐山云雾茶、浮梁茶、宁红茶等"四绿一红"5个重点品牌。这开启了江西推进现代茶产业发展的新征程,取得"茶园规模不断扩大、茶叶质量稳步提高、区域特色更加明显、品牌效益大幅提升"的良好成效。

2019年江西省茶叶产量6.7万吨,比上年增长2.2%。茶园面积164.9万亩。婺源、遂川、修水、浮梁、九江(不含修水)5个主产区占全省总产量的三分之二,"四绿一红"占据了江西茶叶品牌主要市场,与其他品牌逐渐拉大差距,发展优势日益凸显。《江西省人民政府办公厅关于进一步加快江西茶产业发展的实施意见》中的发展目标是:到2022年,全省茶园总面积稳定在180万亩左右,茶叶总产量达到15万吨以上,总产值突破150亿元。

茶为健康之饮,而中药也是江西的一张"健康名片"。"药都"樟树历史上曾与"瓷都"景德镇等并列为江西四大古镇,以其特有的药材生产、加工、炮制和经营闻名遐迩,素享"药不到樟树不齐,药不过樟树不灵"之美誉。

数据显示,2019年,江西省中药产业主营业务收入超过506亿元,连续5年位居全国前列。据统计,江西有道地药材20余种,其中车前子、枳壳产量分别占全国总产量的70%和25%,樟树吴茱萸、金溪黄栀子、德兴铁皮石斛

等 11 种中药材还获得国家地理标志保护。

2018 年江西省提出"中医药强省"的发展战略，重点发展地方特色中药材产区，形成井冈山市、南城县等地以葛根、百合、莲子为主的药食同源中药材产区。重点发展多个种植基地，包括樟树市、临川区、新干县、修水县、会昌县、南城县等以车前子、黄栀子、茱萸子、枳壳为主的"三子一壳"中药材产区，东乡区、峡江县、遂川县、德兴市、全南县等以杜仲、厚朴、黄檗等为主的特色中药材产区，横峰县、万载县、上高县、铜鼓县、贵溪市、余江县、龙南县、井冈山市、南城县等以葛根、百合、铁皮石斛、芡实、黄精、青钱柳、山药、皇菊、莲子为主的药食同源中药材产区。

江西省地处亚热带，省内少量种植了火龙果等热带作物，但规模较小，主要依靠人工作业，劳动强度大，农机化程度低，经济效益较低。

二、机械化发展现状

（一）茶叶

1. **茶叶生产机械化水平情况**　经对本次调查结果统计汇总，江西省的茶叶生产在茶园宜机化改造、施肥、中耕、修剪、植保、采收、加工等环节的机具数量，各环节机械化水平，本地区茶园生产综合机械化水平见表 2-10-1。

表 2-10-1　江西省茶叶机械化生产环节机具数量及机械化水平

环节名称	机具数量（台、套）	机械化水平（%）	综合机械化水平（%）
宜机化改造	237	24.46	
施肥	438	37.62	
中耕	836	41.78	
修剪	1 753	70.58	46.12
植保	1 293	55.32	
采收	1 467	25.52	
加工	5 407	52.15	

其中，修剪环节机械化水平最高，达 70.58%，但使用的农机具绝大部分为单、双人修剪机，这类小型农机具使用方便、价格低，主要存在费时费力、故障多、汽油排放污染等问题；急需升级为履带自走式修剪机等大中型农机具。植保环节的机械也急需从费时费力的喷雾器升级为履带自走风送喷雾机等大中型农机具和生产效率高的植保无人机。

2. 本地区茶叶机械生产企业基本情况 江西省农机工业底子薄，农机企业数量少，现有农机企业多集中在传统田间作业机械生产上，生产经济作物如茶叶（中药材、热带作物）专用农业机械的较少。随着最近几年植保农机补贴力度加大，江西省出现了一些植保无人机、水肥一体化等设备的生产企业，例如以江西中轻智能设备有限公司、北京通用航空江西直升机有限公司为代表的植保无人机生产商以及江西沃邦农业科技有限公司的水肥一体化灌溉设备生产商。

江西中轻智能设备有限公司的植保无人机市场保有量为 2 150 台（套），年生产能力为 3 000 台（套），单机作业效率为每个架次 60 亩/小时，技术规格为 16 千克，四轴环抱式，配套电动，配备 RTK，可实现厘米级定位。新研发的机具无人驾驶系统，单机作业效率 80 亩/小时以上，技术规格为转向控制式，采用大扭矩电机控制方向盘转向。

北京通用航空江西直升机有限公司的 3 WWDZ-10 A 型六旋翼植保无人机，市场保有量 150 台（套），年生产能力 300 台（套），单机作业效率 80 亩/小时以上，技术规格为工作压力 0.15~0.40 MPa、额定容量 10 升、配套动力 6 个电动机。

江西沃邦农业科技有限公司的水肥一体化灌溉首部设备，市场保有量 200 台（套），年生产能力 300 台（套），技术规格为具有恒压灌溉和自动施肥功能，具有设定水肥稀释倍数、根据水流量变化动态跟踪调节肥料流量功能，整机功率 5.5/7.5 千瓦，供水流量 50~60 米³/小时，扬程 27 米，电压 380 V，设备集成水泵恒压系统、过滤系统、灌溉施肥控制系统、监测预警保护系统、气象监测系统，拥有 15.6 寸液晶触摸屏和全中文人机界面，具备灌溉水量、施肥量的瞬时流量和累计流量记录功能，灌溉时间、施肥时间定时功能，EC 值在线监测功能，分区轮灌、灌溉施肥分区设定功能，支持电脑端和手机端远程监控、标配 20 路远程控制接口。

3. 近年来，在茶叶生产机械化方面开展的工作情况和取得的成效 江西省农业机械化技术推广监测站于 2019 年 8 月在浮梁县举行茶叶生产全程机械化演示活动，针对茶叶加工一体化流水线作业，茶园管理微耕机、电动采茶机、单双人采茶机、茶叶修剪机、施肥无人机等机械化作业设备的使用进行现场演示指导，邀请中国农业科学院的茶叶研究专家对茶叶生产全程机械化与质量安全控制进行授课培训。以此次活动为契机，江西省围绕茶叶生产全程机械化，突出茶叶企业核心主体，紧密结合农业机械化，加强标准化茶园及品牌建设，推动富民强县工程赣茶企业做大做强。

（二）中药材

经过对本次调查结果的统计汇总，江西省田间栽培类中药材在育苗、种植

（播种、移栽）、收获、田间转运 4 个环节的机具数量、各环节机械化水平、综合机械化水平见表 2－10－2。

表 2－10－2　江西省中药材机械化生产环节机具数量及机械化水平（田间栽培类）

环节名称	机具数量（台、套）	机械化水平（%）	综合机械化水平（%）
育苗	16	14.48	
种植	21	25.07	
收获	69	19.13	22.22
田间转运	61	31.80	

江西省林间种植类中药材在施肥（开沟、水肥一体化）、中耕（培土、除草）、修剪、植保、收获（含采摘平台）、园内转运 6 个环节的机具数量、各环节机械化水平、综合机械化水平见表 2－10－3。

表 2－10－3　江西省中药材机械化生产环节机具数量及机械化水平（林间种植类）

环节名称	机具数量（台、套）	机械化水平（%）	综合机械化水平（%）
施肥	137	41.79	
中耕	228	37.01	
修剪	131	30.87	
植保	174	46.11	37.81
收获	33	37.02	
园内转运	335	31.94	

（三）热带作物

江西省地处亚热带，省内少量种植了火龙果等热带作物，但规模较小，主要依靠人工作业，劳动强度大，农机化程度低，经济效益较低。江西省田间栽培类热带作物在育苗、种植（播种、移栽）、收获、田间转运 4 个环节无相应专用农机具。经对本次调查结果统计汇总，江西省林间种植类热带作物在施肥（开沟、水肥一体化）、中耕（培土、除草）、修剪、植保、收获（含采摘平台）、园内转运 6 个环节的机具数量、各环节机械化水平、综合机械化水平见表 2－10－4。

表 2 - 10 - 4　江西省热带作物机械化生产环节机具数量及机械化水平

环节名称	机具数量（台、套）	机械化水平（%）	综合机械化水平（%）
施肥	43	5.37	
中耕	181	30.24	
修剪	13	1.46	9.54
植保	28	4.10	
收获	2	0.78	
园内转运	10	29.27	

三、下一步机械化发展方向和工作措施

（一）茶叶、中药材、热带作物生产机械化存在的主要问题和制约因素

江西省经济作物生产总体机械保有量不多，有的环节机具保有量甚至是零，机械化作业水平不高，各生产环节机械化水平发展不平衡。这其中有机具问题、技术问题、管理和推广问题以及社会问题等。

1. **基础设施薄弱，机械化程度不高**　大部分茶园建在偏远山区，交通、灌溉等生产设施不完善。茶叶种植生产机械化程度低，其中赣州市 90% 的茶园不适合机械采收，需要大量人工采摘，采摘成本高。有的茶叶生产以家庭小作坊为主，机械化、自动化、信息化等现代化生产水平较低。

2. **机具缺失**

（1）**专用机具短缺，机具数量明显不足。**一是管理机械短缺，宜机化改造机具短缺，导致后续机具无法进驻；耕作、施肥及植保作业的管理机具短缺，导致管理效率低下；二是专用机具短缺，多数粮食通用机具不适用于经济作物机械化作业，导致很多环节不得不依赖人工，特别是施肥、耕地、烘干等重要环节。尤其是中药材烘干设备异常紧缺，基本上是依靠太阳晾晒来曝干水分，受天气影响较大，而中药材能否顺利曝干水分直接关系到企业、农户当年的产值收入。

（2）**设备落后。**经济作物生产环节，多是单环节作业机具，缺少大型高效复合设备，功率马力较小，整体机具性能较为落后，很多已经不能满足现代化、大规模生产的需求。茶园中耕环节多使用手扶式培土机、中耕机，缺少履带自走式中型机械；修剪、采收环节多使用传统的单双人修剪、采收机，这类机械费时费工，作业效率、效果差。通过此次调研发现，目前使用的部分采茶

制茶机具存在工作效率低，效果一般的情况。难以组成全自动制茶生产线，制茶效率不高。

3. **农机农艺融合难**　目前农机和经济作物的融合度不高，未建立农机农艺联合机制，农机没有考虑农艺的复杂多样性，导致机具作业的适用性差，多数粮食通用机具不适用于中药材机械化作业。

4. **管理和推广力度不够**　一是农机化服务体系薄弱，目前江西省各乡镇负责农机工作的人员均为1~2人，且不是专职，精力不足，不能全身心投入农机推广。二是推广力度不够，目前农机和经济作物的融合度不高，在经济作物机具推广方面工作力度较弱，很多机具未能纳入补贴系统。三是宣传力度不够，据调研，一部分调查对象有机具需求，但因不了解当前的新机具而不知该如何选择。

5. **社会问题**　一是青壮年劳动力缺乏，导致茶园管理粗放。二是知识缺乏，导致新机具新技术无法落地。

（二）茶叶、中药材、热带作物生产机械化技术和机具需求情况

1. 茶叶生产机械化机具需求

宜机化改造激光平地机277台（套），功率55千瓦以上、挖掘机11台（套）、松土机20台（套）。

施肥环节，开沟施肥机758台（套），水肥一体化设备163台（套）。

中耕环节，培土机379台（套），除草机1 073台（套），中耕机38台（套）。

修剪环节，单人修剪机508台（套）、双人修剪机71台（套）、履带自走式修剪机143台（套）、绿篱机10台（套）、油锯10台（套）。

植保环节，喷雾机152台（套），植保无人机233台（套），太阳能诱杀虫灯12 940台（套），采收环节采茶机620台（套）。

加工环节，杀青机387台（套），捻机1 457台（套），烘干机259台（套），全自动加工机19台（套），红茶加工流水线3台（套）等。

2. 中药材生产机械化机具需求

（1）田间栽培生产机具需求情况。

育苗环节，精量穴播流水线57台（套）、取根机3台（套）、温室大棚6台（套）。

种植环节，采挖机1台（套）、精密播种机72台（套）、移栽机24台（套）。

收获环节，收割收获打捆机共32台（套）。

田间转运环节,运输车收获装载平台共 19 台(套)。

另有其他需求:无人机 3 台(套),加工机械 28 台(套),冷库 1 台(套)。

(2)林间种植生产机具需求情况。

施肥环节,开沟机、开沟施肥机 151 台(套)。

中耕环节,培土机 182 台(套)、除草机 61 台(套)。

修剪环节,电动剪枝机 173 台(套)、自走式修剪 6 台(套)、割灌机 144 台(套)。

植保环节,喷雾机 294 台(套)、无人植保机 48 台(套)、诱虫灯 7 200 台(套)。

收获环节,采摘机、采摘升降平台、挖药机、挖葛机、打捆机共计 302 台(套)。

田间转运环节,田园搬运机 20 台(套)、轨道运输机 67 台(套)。

3. 热带作物生产机械化机具需求

(1)田间栽培生产机具需求情况。

种植环节无人机 2 台(套)。

(2)林间种植生产机具需求情况。

施肥环节,开沟机开沟施肥机 132 台(套)、水肥一体化设备 3 台(套)。

中耕环节,小型挖机 10 台(套)、培土机 25 台(套)、除草机 30 台(套)。

修剪环节,电动剪枝机 28 台(套)、割灌机 10 台(套)。

植保环节,喷雾机 9 台(套)、无人植保机 21 台(套)。

收获环节,采摘机、采摘升降平台、挖药机、挖葛机、打捆机共计 6 台(套)。

田间转运环节,田园搬运机 8 台(套)、轨道运输机 3 台(套)。

(三)推进茶叶、中药材、热带作物生产机械化发展的技术方向和工作措施

1. 制定长、中、短期发展计划计划 应依托《江西省人民政府办公厅关于进一步加快江西茶产业发展的实施意见》(赣府厅发〔2019〕26 号)和《南昌市人民政府办公厅关于加快农业四大特色产业发展的实施意见》(洪府厅发〔2019〕99 号)的战略部署,立足江西省经济地理条件和发展需要,科学制定江西省经济作物生产机械化发展规划。

2. 筛选适宜机器,加大补贴力度 因地制宜,以农民需求为导向,有针对性地引进和推广适宜本地区主产品种的经济作物生产机械,申请纳入全省农

机购置补贴系统，减轻农户购机压力。

3. **培养本土经济作物生产机械制造企业**　建议出台一系列支持农机产业发展的扶持政策，结合江西省地理、气候和农业产业的特点，努力培养本土经济作物机械制造企业，以机械化发展推动产业化发展。

4. **加大农机农艺融合**　加强与各级农机、农艺部门以及生产企业的密切合作，联手拟定经济作物生产机械化各重点环节的技术路线，促进经济作物生产规模化、标准化。

5. **加大宣传和培训力度**　一是依托现有农机力量，开展不同形式、不同层次的技术培训，组织专业合作社、种植大户的负责人及各级农机推广部门技术人员到做得好的典型合作社和基地参观学习，交流做法和经验；二是农机、农艺部门利用培训班和现场演示会等方式，向农民传授先进的种植技术和机具使用方法。

附表 2-10-1　江西省茶叶机械化生产技术装备需求情况
附表 2-10-2　江西省中药材机械化生产技术装备需求情况（田间栽培类）
附表 2-10-3　江西省中药材机械化生产技术装备需求情况（林间种植类）
附表 2-10-4　江西省热带作物机械化生产技术装备需求情况（林间种植类）

附表 2-10-1 江西省茶叶机械化生产技术装备需求情况

适宜机械化作业环节		现有机具数量（台、套）	估算还需要机具数量（台、套）	所需机具装备基本作业性能描述（作业效率、技术规格等）
宜机化改造		237	288	激光平地机（配套动力55千瓦以上，作业效率15亩/小时以上）、挖掘机（配套动力55千瓦以上，作业效率15亩/小时以上）
耕整地机械		37	45	微耕机（自走式，配套动力3千瓦）、松土机（作业效率0.6亩/小时以上）
施肥机械		415	862	开沟施肥机（适宜山地，作业效率3亩/小时以上，配套功率6千瓦）、自走式开沟机施肥（大中型，作业效率10亩/小时以上，配套动力36.8千瓦以上）、有机肥施肥机（作业效率10亩/小时以上，配套功率3～5千瓦）
田间管理机械	中耕机械	767	1 543	小型除草机（作业效率3亩/小时以上，配套功率6千瓦）、培土机（作业效率2亩/小时以上，配套功率6千瓦）、中型除草机（作业效率10亩/小时以上，配套动力29.4千瓦）、多用田园机（适宜山地，作业效率2亩/小时以上）、中耕机（作业效率2亩/小时以上，配套功率6千瓦）
	修剪机械	1 753	742	单人修剪机（作业效率0.5亩/小时以上，配套功率1千瓦）、履带自走式修剪机（行驶速度2～9千米/小时，配套效率11千瓦以上）、双人修剪机（作业效率1.5～3亩/小时以上，配套动力2～7千瓦）、绿篱机（切割幅宽750毫米，配套功率0.8千瓦）等
	植保机械	1 293	13 325	太阳能诱杀虫灯、植保无人机（作业效率25～50亩/小时，容量10～15升）、机动喷雾机（作业效率5亩/小时以上）、履带自走风送喷雾机（作业效率20亩/小时以上，药箱容量500升以上）、高压弥雾机
	合计	3 813	15 610	

（续）

适宜机械化 作业环节	现有机具数量 （台、套）	估算还需要机具 数量（台、套）	所需机具装备基本作业性能描述 （作业效率、技术规格等）
采收机械	1 467	620	乘坐式采茶机（作业效率 4 亩/小时以上，配套动力 25 千瓦）、单人采茶机（作业效率 0.5 亩/小时以上，配套动力 1 千瓦）、扶叶式采收（作业效率 3 亩/小时以上，配套动力 1 千瓦）、名茶采茶机（作业效率 1.5 千克/小时以上，采单芽或一芽一叶）、双人采茶机（作业效率 1.5 亩/小时以上，配套功率 2 千瓦）
排灌机械	23	163	水肥一体化设备（作业效率 50 米³/小时以上）
茶叶加工机械	5 407	2 847	茶叶揉捻机、输送机（带式/振动式/网带式/螺旋式）、杀青机、烘干机、理条机、自动萎凋机、园筛机、全自动名优茶机、风选机、抖筛机、冷藏库、抖选机、凉青机、切茶机、全自动加工机、发酵机、红茶加工流水线、珠型茶加工机械、色选机、脱水机、提香机、包装机、红茶发酵室、流水线干茶机等
合计	11 399	20 435	

附表 2-10-2 江西省中药材机械化生产技术装备需求情况（林间种植类）

适宜机械化作业环节		现有机具数量（台、套）	估算还需要机具数量（台、套）	所需机具装备基本作业性能描述（作业效率、技术规格等）
耕整地机械		5	118	开沟机（作业效率 2 亩/小时以上，配套动力 4.5～15 千瓦）
施肥机械		77	33	开沟施肥机（开沟深度 40 厘米、施肥深度 20～30 厘米）
田间管理机械	中耕机械	223	243	培土机（作业效率 2 亩/小时以上，配套动力 6 千瓦）、除草机（作业效率 10 亩/小时以上，配套动力 29.4 千瓦以上）
	修剪机械	131	323	电动剪枝机（作业效率 5 亩/小时以上，使用时间 8～10 小时）、割灌机（作业效率 5 亩/小时以上，配套动力 1 千瓦）、自走式修剪（作业效率 5 亩/小时以上，配套动力 11 千瓦）
	植保机械	174	7 542	太阳能诱虫灯、动力喷雾机（适用于果园、苗木，作业效率 15 亩/小时以上，药箱容量 500 升）、风送式喷雾机（作业效率 6 亩/小时以上）、植保无人机（作业效率 25～50 亩/小时以上，药箱容量 10～15 升）
	合计	528	8 108	
收获机械		33	302	采摘机（作业效率 2 亩/小时以上，配套动力 11 千瓦）、采摘升降平台（作业效率 2 亩/小时以上，配套动力 10 千瓦）、打捆机、挖药机、挖葛机（作业效率 3 亩/小时以上，配套动力 50 千瓦）
排灌机械		60	—	
运输机械		335	87	田园搬运机（作业效率 5 亩/小时以上，配套动力 36.8 千瓦）、轨道运输机（行驶速度 0.4 米/秒以上，单轨，配套动力 3.2 千瓦）
合计		1 038	8 648	

附表 2 - 10 - 3　江西省中药材机械化生产技术
装备需求情况（田间栽培类）

适宜机械化 作业环节		现有机具数量 （台、套）	估算还需要机具 数量（台、套）	所需机具装备基本作业性能描述 （作业效率、技术规格等）
种植 施肥 机械	育苗机械	16	57	精量穴播流水线（作业效率 50 亩/小时以上）
	播种机械	21	73	精密播种机（作业效率 10 亩/小时以上，配套动力 11.5 千瓦）等
	栽植机械	15	24	移栽机（作业效率 5 亩/小时以上，配套动力 14.7 千瓦）
	合计	52	154	
植保机械		—	3	植保无人机（作业效率 80 亩/小时以上，药箱容量 15 升）
收获机械		69	32	收割机（作业效率 10～20 亩/小时，配套动力 36.8 千瓦）、采摘机（作业效率 0.5 亩/小时以上，配套动力 1 千瓦）、根茎收获机（作业效率 5 亩/小时以上，配套动力 36.8 千瓦）、割晒机、打捆机（切割、打包）等
运输机械		61	19	装载机、农用运输车、收获装载平台、草捆搬运机械臂等
合计		182	208	

附表 2−10−4 江西省热带作物机械化生产技术装备 需求情况（林间种植类）

适宜机械化作业环节		现有机具数量（台、套）	估算还需要机具数量（台、套）	所需机具装备基本作业性能描述（作业效率、技术规格等）
施肥机械		23	132	开沟施肥机（作业效率 3 亩/小时以上，配套动力 6 千瓦）
田间管理机械	中耕机械	181	55	多功能培土机（作业效率 3 亩/小时以上，配套动力 6 千瓦）、多功能除草（作业效率 3 亩/小时以上，配套动力 6 千瓦）
	修剪机械	13	38	电动剪枝机（作业效率 5 亩/小时以上，配套动力 10 千瓦）、割灌机（作业效率 10 亩/小时以上，配套动力 16 千瓦）
	植保机械	28	30	无人植保机（作业效率 25~80 亩/小时，药效容积 10~16 升）、风送式喷雾机（作业效率 15 亩/小时以上，药效容积 100 升）、弥雾打药机（作业效率 15 亩/小时以上，药箱容积 30 升）
	合计	222	123	
收获机械		2	6	采摘机（作业效率 2 亩/小时以上）、采摘升降平台（作业效率 3 亩/小时）
排灌机械		20	3	水肥一体化设备（脉冲型双通道）
运输机械		10	11	田园搬运机（作业效率 5 亩/小时以上，配套动力 36.8 千瓦）、轨道运输机（行驶速度 0.4 米/秒以上，单轨 3.2 千瓦）
合计		277	275	

山东省茶叶、中药材生产机械化技术装备需求调查与分析

一、产业发展现状

山东省茶园面积 55 万亩，茶叶主要以绿茶为主，产量 22 232 吨，产值 21.8 亿元（出处为《2019 年中国农村统计年鉴》）。由于独特的地理环境和生态条件，山东茶叶具有"叶片肥厚、耐冲泡、内质好、滋味浓、香气高"等突出特点，"崂山绿茶""日照绿茶""泰山绿茶""诸城绿茶""长清茶"等 12 个主产茶区通过国家农产品地理标志认证。茶园面积的扩大和产量的提高，带动周边季节性从业人员 50 余万人，推动了茶叶加工业的发展。

全省中药材种植品种 70 余个，其中实现规模化种植的以黄芩、丹参、西洋参、金银花、桔梗为主，药材的产量和质量在全国名列前茅，省内中药材种植面积由 20 世纪初的 30 万亩左右，发展到目前的 200 万亩以上，约占全国中药材种植总面积的 10%，产值 90 多亿元。目前山东省已成立中草药种植专业合作社 300 余家，中草药销售专业合作社（公司）200 余家，现有以中草药种植、提取、销售为主业的规模以上龙头企业 100 余家。

二、机械化发展现状

（一）茶叶

1. **茶叶生产机械化情况** 近年来，山东省茶叶生产机械化发展迅速，全省有各类茶叶机械 11.8 万余台，其中茶园宜机化改造机械 4 台，机械化水平较低，在 4% 左右；施肥机械 0.86 万台（含水肥一体化设备），机械化水平 65% 左右；中耕机械 1.70 万台，机械化水平 76% 左右；修剪机械 0.65 万台，机械化水平 61% 左右；植保机械 1.33 万台，机械化水平 83% 左右；采收机械 0.97 万台，目前的采摘机具技术上不太成熟，茶农不太认可，机械化水平不高，在 22% 左右；初加工机械 2.98 万台，机械化水平 90% 以上。可见，山东省茶叶生产中灌溉施肥、中耕除草、初加工方面机械化程度较高，但是茶叶修剪、采摘还是半人工半机械状态，生产综合机械化水平达 70%。

2. **茶叶机械生产企业基本情况** 全省有茶叶加工企业 1 100 多家，龙头茶

叶机械生产企业 3 家，分别为日照春茗机械制造有限公司、日照盛华茶业机械股份有限公司和临沂继宏茶叶机械厂。

日照春茗机械制造有限公司是集茶叶机械研发、生产、销售于一体的科技型生产企业，是日照市农业产业化重点龙头企业、青岛农业大学教学科研基地、安徽农业大学茶与食品学院茶机研发基地。公司现有茶叶杀青机、茶叶揉捻机、茶叶炒干机、茶叶烘干机、红茶发酵机、红茶萎凋机、扁形茶炒制机等 8 大系列 30 多个规格的红绿茶成套设备，其中有 4 大系列 12 个规格型号的产品获得《山东省农业机械推广鉴定证书》，相关系列产品纳入农机补贴范围。经过多年的不懈努力，公司得到社会各界的大力支持，先后承担了"山东省星火计划"和"日照市科技计划"等项目。在产品上不断进行自主技术创新，获得国家专利 8 项，其中发明专利 2 项、授权 1 项，公司已申报高新技术企业。

日照盛华茶业机械股份有限公司主要生产各类名优茶制作机械，已由生产茶叶加工单机向生产成套加工装备提升，并向清洁化流水线转型。生产的茶叶加工机械目前已有 13 个型号的产品先后于 2009 年至 2017 年通过省级鉴定并纳入农机补贴范围，已获专利 10 项、发明专利 2 项，取得科学技术进步奖 2 项，并承担山东省农机局优化提升类项目、山东省科技厅重大科技创新工程项目。公司成功转化科技成果，高新技术产品销售收入占到企业营业总收入的 90%。公司联合中华全国供销总社杭州茶叶研究院、日照市鲁茶机械研究所、山东农业大学、青岛农业大学、山东水利学院等机构，合作建立研发平台，进行自主技术创新。其中多功能茶叶复干机由浙江省茶叶学会组织国内知名首席专家及教授进行技术及成果评价，认定该技术及设备属国内首创，居全国领先水平，并荣获日照市优秀农业科技产品奖。

临沂继宏茶叶机械厂是临沂市"专精特新"企业，是省内专门生产加工机械的骨干企业。该厂常年与安徽农大、临沂大学开展教学科研合作，年产各类机械 4 000 余台（套），产值 2 000 万元，产品畅销十余个省份。近年来多次承担转型升级技术创新研发项目。

3. **茶叶生产机械化方面开展的工作情况和取得的成效**　近年来，山东省茶叶产业发展迅速，茶园种植面积逐年增加，形成鲁东南沿海、鲁中南山区和胶东半岛三大茶叶主产区，已经成为全国纬度最高、面积最大的北方优质茶产区。为落实中央决策部署，实施乡村振兴战略，加快新旧动能转换，补齐农机化短板，推进"两全两高"农机化发展，增加丘陵山区农民收入，山东省以"小茶园，大文章"为抓手，做大做强茶产业，积极推进茶叶生产全程机械化。主要开展了以下几方面工作：一是通过实施农机购置补贴政策和装备研发创新计划项目，引导企业积极开展茶叶机械研发，支持茶农积极购买使用先进适用的茶叶机械，不断提高茶叶机械化科技水平。二是促进农机与农艺深度融合。在全省范围内大力推广配方施肥、节水灌溉、茶园铺草等综合配套技术，推广适宜机械化管理的标准茶叶种植模式，加快适合茶叶采摘的机械化技术的引进示范。三是加快短板环节的机械研发创新和示范推广。山东省在茶园管理机械化、茶叶加工机械化方面找差距、补短板，引导茶叶生产走产业化、清洁化、智能化发展之路，为茶叶生产全程机械化提供有力装备支撑。四是把茶叶生产新机具、新技术纳入新型职业农民培训重点，积极举办各种现场会、培训班，大力加强茶叶机械化技术培训，更好地满足茶农、茶企对农机化发展的需求。五是积极组织开展茶叶生产机械化社会服务，努力拓展作业范围、扩大经营规模、增加服务效益，实现小农户和现代农业发展有机衔接。

山东省日照市积极响应省里部署，茶园面积已发展到 26.5 万亩，干毛茶总产量 1.5 万吨，干毛茶总产值 25.8 亿元，日照茶园面积和年产量已分别占山东省的 60% 和 75% 以上。建设优质高效生态示范园 30 个，其中达到省级示范认定的 15 个。建成茶叶清洁化生产线 30 条，全市茶叶生产加工机械保有量突破 1 万台（套）。

山东省临沂市以龙头企业沂蒙雪尖、蒙山龙雾茶业有限公司为代表，将一、二、三产业融合发展逐步推进。其中，蒙山龙雾公司积极开发新产品、拓展销售渠道，在沂水县院东头镇一度被撂荒的茶园又逐渐被茶农当成了"聚宝盆"。目前沂水县有植茶村庄 37 个，其中 300 亩以上重点村 18 个，面积 10 436 亩，有茶农 3 000 余户。莒南县在茶叶种植大镇洙边镇建设了茶溪川田园综合体，实施宜机化改造 3 000 余亩，全部发展为标准化种植茶园。

（二）中药材

1. **田间栽培类** 山东省田间栽培类中药材有丹参、黄芩、西洋参、金银花、桔梗、玫瑰等。通过调查走访发现，中药材育苗、播种受地形和土质所限，精密穴播流水线和精密播种机得不到应用，机械化水平不高。移栽机仅能用于土质较好的地块，收获机械在地形和土质好的地块上能够得到部分应用，田间转运环节的收获装载平台由于地块零散得不到推广应用，主要以机动三轮为主。各种机械应用情况如下：

（1）丹参。目前有种根切段机 1 台，移栽机 2 台，扦插机 6 台，收割机 102 台，田间转运机动三轮车 730 台。丹参种根切段机械化率 1%，移栽机械化率 3%，收获机械化率 49%，田间转运机械化率 88%，综合机械化率不到 30%。

（2）黄芩。目前有开沟机 54 台，移栽机 18 台，收割机 114 台，田间转运机动三轮车 700 台。黄芩开沟育苗机械化率 43%，移栽机械化率 13%，收获机械化率 30%，田间转运机械化率 57%，综合机械化率不到 30%。

(3) 玫瑰。 玫瑰生产各环节中，耕整地、中耕、植保已基本实现机械化，但玫瑰花扦插、嫁接、采摘，几乎全靠人工作业。玫瑰采摘机械化是一大瓶颈，在技术上尚未突破。因此，目前仅有田间转运机动三轮车 100 台，田间转运机械化率 100%，综合机械化率不到 1%。

(4) 西洋参。 目前有精密播种机 33 台，收割机 82 台，田间转运机动三轮车 250 台。西洋参播种机械化率 19%，收获机械化率 36%，田间转运机械化率 100%，综合机械化率不到 40%。

(5) 金银花。 机械化生产总体水平不高，但中耕、植保机械化水平相对较高，主要短板是机械化采摘。目前有田间转运机动三轮车 50 台，田间转运机械化率 100%，综合机械化率不到 1%。

(6) 桔梗。 机械化生产总体水平不高，仅有田间转运机动三轮车 50 台，田间转运机械化率 100%，综合机械化率不到 1%。

2. 林间种植类 经调研发现，山东省仅有临沂市蒙阴县在林间种植金银花 0.2 万亩，具体在联城镇的刘庄、对山庄、红旗庄等村，但没有在良田内成片种植，都是在地垄处、地沿处播种，故无法使用机械化作业，全部是人工生产。

3. 中药材机械生产企业基本情况 山东省有四家龙头企业生产中药材生产机械，其中威海市同方烘干供热设备厂和威海佳润农业机械有限公司生产中药材收获机，年生产 1 200 台；荣成市佳鑫农业机械有限公司研发、生产西洋参播种机，已研发成功并生产了 50 台。淄博市沂源县隆源果蔬专业合作社成立于 2013 年 8 月，合作社注册资金 1 080 万元，实行入户制，现有社员 308 户，从事丹参、牛蒡、黄芪、桔梗等中药材种植及加工、销售业务，主要产品是以牛蒡茶、丹参茶、黄芪茶等为代表的一系列高端健康饮品。建有绿色有机种植基地 5 个，GAP 规范化种植，总种植面积达 600 余亩。2018 年承担了市级全程机械化创新示范建设。拥有 1 台中药材种植机械，进行播种或移栽作业；试验引进多功能收获机 2 台，用于试验示范并召开技术宣传现场会。投资 200 万元引进中药材加工生产线一条。该生产线使用清洗机清洗、浸泡，切片机切片，全自动烘干机进行烘干及炒制等工序，以完成整个产品的制作。

4. 中药材生产机械化方面开展的工作情况和取得的成效 近年来，山东省把中药材生产机械化纳入重要议程，加大科研攻关力度，强化政策扶持，积极开发引进推广先进适用机型，在种植方面寻求更大突破，努力实现大宗重点中药材从种到收的全程机械化。一是山东省农机部门积极与有关科研部门和农机生产企业联合，加快了西洋参等作物收获机械创新研发步伐，取得了有效进展。在山东省农机装备创新研发计划项目、山东省现代农业产业技术体系中草药创新团队的支持下，由青岛农业大学自主研发的 28 行自走气力式西洋参精密播种机、丹参膜上打孔移栽机、西洋参联合收获机、西洋参收获机、2 垄 4 行丹参收获机等均为国际首创，实现西洋参、丹参全部机械化播种、收获。二是注重内联外引，引进了河南、山西等省农机企业生产的机具投入作业，切实解决了农民生产中的实际困难，得到了农民群众的好评。

三、下一步机械化发展方向和工作措施

（一）茶叶方面

1. **存在的问题和需求**　目前山东省除部分规范化茶园实施机械化修剪、夏季机械化采摘外，大部分茶园仍主要以人工采摘为主。由于劳动力缺乏，不少茶叶资源被浪费，需要符合春秋季茶叶高精度采摘要求的采茶机。山东省茶园管理中开沟、中耕、除草、施肥等环节，先进、适作的机械较少，影响茶园管理水平和茶叶产量，需要拥有开沟、施肥、旋耕、除草等多种功能的茶园田园管理机械；针对一些山区和丘陵地貌的茶园，需要小型、节能、多用途的茶园管理机械。大部分加工企业和农户茶叶加工机械设备陈旧、功能单一，制茶效率不高；大部分茶叶加工点是家庭作坊，面积较小，缺乏相应的配套设施，现代化、多功能、大型节能型设备和清洁化茶叶生产线少，需要除尘、降噪、节能、自动化的茶叶加工设备及茶叶深加工设备。

2. **茶叶生产机械化发展的技术方向**　一是全面推广茶叶生产全程机械化技术。普及茶叶耕整地、植保、喷滴灌、中耕除草机械化技术，引进和推广先进、新型、轻便的茶叶管理机械；重点研究、试验验证、引进示范推广修剪和采摘机械化技术，进一步降低茶叶生产成本，提高鲜叶采摘产量；推进茶叶加工机械向高效智能、节本增效转型升级，探索推广茶叶采摘、清洁智能化生产技术路线和技术模式，制定相关试验验证办法、技术规程；引导茶区加强茶园标准化建设，推广茶园机械化管理和新型茶叶采摘机械化，全面提升茶叶生产全程机械化水平。二是引进示范推广高效智能新技术。大力引进推广智能化、连续化、自动化的茶叶生产机械和技术，逐步拓展研究智能高速采摘机械化技术，示范应用自走式物理捕虫机、轨道式采茶机，推广茶树枝修剪碎枝再利用、除霜风扇技术。注重碧螺春整形机、连续扁茶机以及成套茶叶加工流水线等示范推广力度，加快茶叶生产加工机械换代升级，使茶叶加工逐步向智能化、连续化和清洁化迈进，实现茶叶生产由机械化带动标准化的发展。三是重点发展茶叶精加工机械。加快优化茶叶加工工艺、规范标准，利用清洁能源、循环能源发展节能化、标准化、清洁化、智能化的茶叶加工机械装备。

3. **茶叶生产机械化发展具体工作措施**　一是强化茶叶机械化示范推广、

宣传培训。农机主管部门通过召开茶叶机械化采摘加工观摩会等形式，支持、引导农户购买先进适用的茶园管理、茶叶加工机械。二是加大政府扶持力度。由于山东省茶机制造产业总体规模小、实力弱，技术创新和新产品研发资金投入多、周期长、风险大，政府应加大对茶叶机械行业的扶持力度，积极引导企业自主创新、保护创新、鼓励创新，加大茶机具购置补贴的政策支持力度。各级政府应重视茶叶机械装备制造行业发展，扶持引导企业与高校、科研院所联合或合作，加大创新力度，注重知识产权的申请和保护，推动茶叶生产加工机械化装备业的技术创新和产业升级。三是加强市场规范化管理。对进入市场的茶叶机械进行多层次质量检验认证，建立茶叶机械制造企业的市场准入制度，引导企业走标准化、专业化和品牌化之路，促进当地茶叶机械制造业的整合升级和科技进步。四是依托新型农业经营主体推进茶叶产业规模经营。大力发展茶叶生产机械化专业合作社、促进会、机械化技术推广联盟，结合新型职业农民、实用技能培训，培育茶叶机械化生产队伍，提升茶叶机械化生产服务能力和水平。重点扶持茶叶机械化经营主体对高效智能茶园管理机械、高性能修剪机、智能茶叶采摘机械、智能（自动化）机械化加工流水线等的引进、示范、推广，实现专业化、规模化、集约化生产。

（二）中药材

1. **存在的问题及需求**　中药材生产机械化环节与其他作物一样，主要包括机械耕整地、种植、移栽、植保、收获及初加工处理。中药材田间生产机械总体需求量较低但在功能方面要求高，细节较多。中药材田间生产机械化现状表现为以下几点：

(1) 专用中药材机械有效供给不足。 与中药材田间生产机械化的迫切需求不相适应的是中药材装备有效供给显著不足，目前面临着"无好机用"和"有机难用"的局面。从全程机械化生产的角度来看，重点和关键环节，如用工量较大的播种和收获的机械化基本上没有突破，严重妨碍了全程机械化生产的实现。

(2) 中药材生产机械化农机农艺尚未融合。 目前的中药材种植栽培制度没有考虑到农机作业的问题，仍在使用传统的生产方式，不适应农机作业的要求。农机研发、推广部门没有考虑中药材种植农艺复杂多样的要求，农机农艺严重脱节，中药材机械装备的适应性差。

(3) 中药材田间生产机械专用性存在较大差距。 中药材生产从业者对配套的农机装备需求旺盛，特别是根茎类中药材的收获环节，由于需要花费大量的劳动力，其机械化需求十分迫切。现实情况是农机装备应用效果不佳、种类完善度不高，有许多技术没有突破，生产制造成本也较高，这些都成为影响中药材田间装备有效供给的关键因素。

(4) 生产中药材装备的企业存在劣势。调查发现，山东省中药材田间生产机械厂家很少。全省几乎没有专业生产中药材装备的厂家，基本为小企业生产（注册资金 500 万元以上的很少）或为大型企业的附属产品。现有的部分企业规模小、自我发展能力差，生产的产品技术含量普遍较低，生产加工工艺简单。即使少数企业在某些环节或功能上有所创新，也极易被仿制，多数企业生产的中药材生产机械为三无产品。

(5) 中药材农机社会化服务组织发展困难较多。调查发现，由于中药材田间生产装备生产规模小，质量不够优秀，山东省大多数地市没有将其纳入农机补贴范围，这就限制了这类机具的研发与推广。目前中药材机械生产规范化程度低、效益不高，缺乏经营管理，专业技术人才带动能力较弱。对近几年蓬勃发展的大田作物农机合作社来说，中药材合作社成员数量少、装备数量少、服务农户少、作业面积小、服务领域和范围窄、辐射带动能力差且影响力不强。

(6) 调查时部分规模化种植大户对药材烘干设备需求意愿较高。

2. 中药材机械化发展的技术方向　一是加大中药材田间生产和初加工装备的创新研发。选择有一定研发基础的企业、科研机构组建研发平台，形成中药材机械研发创新团队，加快研制出新型实用的中药材机械，逐步提高中高端型中药材全产业链装备供给水平。二是加强现有机具试验选型。农机推广部门要选择一些适应性强、可靠性高和有发展潜力的机具，有针对性地开展试验验证，在此过程中将发现的问题反馈至有关部门，促进企业提高机具的性能。三是研发新型多功能一体机具，实现中药材轻简化生产。由行业部门牵头，给予优惠政策，吸引更多的企业、科研单位参与中药材田间机械化生产协同攻关，解决当前中药材生产机械化的主要突出瓶颈问题。

3. 工作措施　一是加大财政资金扶持力度，发挥项目引领示范带动作用。经调研，县级农机部门经费紧张，本级政府对农机化技术推广投入有限，建议上级部门设立专门推广项目。二是发展规模化种植，利用好示范基地的引领作用。基层推广部门借助实施农机化项目，建立示范基地，引进先进设备，通过在示范基地召开现场会等方式，带动药农使用先进农业机械，促进新机具的推广。三是加强技术支撑，提高药材生产机械化水平。建议上级部门加强技术培训和示范引导，开拓基层技术推广人员视野，提升基层技术人员的服务能力，逐步提高中药材生产关键环节机械化水平。四是加强农机农艺融合。在种植、施肥、病虫害防治等生产关键环节实行统一的标准和规范化操作，降低药材各项残留，提高药材产业经济效益。

附表 2 - 11 - 1　山东省茶叶机械化生产技术装备需求情况

附表 2 - 11 - 2　山东省中药材机械化生产技术装备需求情况（田间栽培类）

附表 2 - 11 - 1 山东省茶叶机械化生产技术装备需求情况

适宜机械化作业环节		现有机具数量（台、套）	估算还需要机具数量（台、套）	所需机具装备基本作业性能描述（作业效率、技术规格等）
宜机化改造		4	374	平地机（配套动力 67.5～98 千瓦，工作幅宽 300 厘米，平整度±2）
耕整地机械		20 452	934	微耕机（齿轮变速，作业效率 2 亩/小时以上）、小型旋耕机（耕宽 920 毫米，耕深≥100 毫米，作业速度 0.2～0.4 米/秒）
施肥机械		7 698	632	开沟施肥机（配套动力 55.1～73.5 千瓦，开沟深度 28～35 厘米，适合使用腐熟有机肥）
田间管理机械	中耕机械	17 033	2 365	除草机（作业效率 0.5 亩/小时以上）、多功能田园管理机（能实现开沟、施肥、旋耕、除草等功能，齿轮变速，作业效率 2 亩/小时以上）、培土机（作业效率 3～5 亩/小时，配套动力 29.4 千瓦）
	修剪机械	6 541	869	单人修剪机（电动或汽油，适宜北方茶园矮株，能与采茶机配套使用，割幅 800～1 000 毫米，作业效率 0.3～1 亩/小时）、双人修剪机（修剪割幅 1 100 毫米，作业效率 2 亩/小时以上）、电动绿篱修剪机（作业效率 0.6 亩/小时以上）、大功率碎枝机（作业效率 800 千克/小时以上，配套功率 7.5 千瓦）
	植保机械	13 323	345	机动喷雾机（自走式，配套单缸四冲程汽油机，药箱容积 320 升）、弥雾机（液化喷雾，作业效率 3 亩/小时以上）、植保无人机（作业效率 120～180 亩/小时，有效喷幅 4～7 米，药箱容量 20 升）、喷杆喷雾机（作业效率 40 亩/小时以上，喷幅 6 米，药箱容量 300 升）、高地隙喷杆喷雾机（作业效率 15 亩/小时以上，配套动力 58.8 千瓦）、电动智能打药机（作业效率 2.5 亩/小时以上）
	合计	36 897	3 579	

（续）

适宜机械化 作业环节	现有机具数量 （台、套）	估算还需要机具 数量（台、套）	所需机具装备基本作业性能描述 （作业效率、技术规格等）
采收机械	9 666	1 671	单人采茶机（采用汽油机，可采名优茶，满足一芽二叶采摘要求，符合春秋季茶叶高精度采摘要求，切割刀长度60厘米，作业效率0.5~0.6亩/小时）、无刀电动采茶机（手提充电无刀片折断式，作业效率0.5~0.6亩/小时）、双人采茶机（可采名优茶）、自走式采茶机（满足采摘修剪整形作业）
排灌机械	911	675	水肥一体化设备（智能化控制）
运输机械			
茶叶加工机械	29 801	1 689	茶叶揉捻机、杀青机、炒（烘）干机、茶叶发酵机、压扁机、茶叶分选筛选机、理条机、提香机、一次成茶设备、全自动扁形茶炒制机、辉锅机、萎凋机、茶叶包装机、炒茶自动化生产线、白茶压饼机、白茶烘焙房、连续封口机、萎凋槽
合计	105 429	9 554	

附表 2-11-2 山东省中药材机械化生产技术装备需求情况（田间栽培类）

适宜机械化作业环节		现有机具数量（台、套）	估算还需要机具数量（台、套）	所需机具装备基本作业性能描述（作业效率、技术规格等）
耕整地机械		54	5	微耕机（作业效率3亩/小时以上）
种植施肥机械	育苗机械	—	11	精量穴播流水线
	播种机械	34	418	西洋参播种机（作业幅宽1.4～1.8米，作业效率1亩/小时以上）、精密播种机（作业效率2亩/小时以上）、桔梗专用播种机（作业效率10亩/小时以上）等
	栽植机械	26	130	参苗移栽机（作业幅宽1.4～1.8米，作业效率1～3亩/小时以上）、花（蕾）采摘机、玫瑰苗移栽机、丹参扦插机
	合计	60	559	
收获机械		298	399	西洋参收获机（幅宽1.4～1.8米，作业效率2亩/小时以上）、黄芩收割机（作业效率10亩/小时以上）、丹参收割机、丹参联合收获机（自走式，能一次完成挖掘、筛选、装车等，作业效率2～10亩/小时以上）、中药材挖掘机（小型）、桔梗专用收获机（作业效率10亩/小时以上）、中药材打捆机
运输机械		1 880	51	收获装载平台、捡拾装载机（作业效率3亩/小时以上，能实现自动捡拾收获后的丹参并运输）
合计		2 292	1 014	

河南省茶叶、中药材生产机械化技术装备需求调查与分析

一、产业发展现状

（一）茶叶

茶叶产业是河南省的传统产业、特色产业。河南不仅产茶历史悠久，而且茶叶知名度较高，特别是经过近几年的发展，茶叶已成为南部山区贫困地区群众脱贫致富奔小康的支柱产业，河南省茶叶市场也保持了产销两旺的好形势。

2018 年，河南省茶园面积 173 万亩，茶叶年产量 6.4 万吨，总产值达 115 亿元。主要分布在信阳浉河区、固始县、光山县、罗山县、商城县、新县、潢川县以及南阳桐柏县、内乡县等区域。主要产品有"信阳毛尖""信阳红""淮源剑毫""清淮绿梭""桐柏玉叶""桐柏红""豫泉春""浉水云雾""伏牛绿芽"等。2017 年，浙江大学农业品牌研究中心评估，信阳毛尖品牌价值达 59.91 亿元，居全国第 2 位。

（二）中药材

河南省中医药产业具有得天独厚的优势，包括人口优势、区位和交通优势、历史文化优势、中药资源优势等。河南是全国第一人口大省和人力资源大省；地处中原，交通发达，是中医药文化的重要发源地。博大精深的中原文化养育了底蕴丰厚、极具特色和优势的中医药文化，禹州药都、百泉药交会、四大怀药等文化遗产成为产业发展的重要财富。河南省是传统的中药材生产大省，是全国中药材主要产区之一。山茱萸、山药、丹参、金银花、地黄、冬凌草共 6 种中药材 8 个基地通过国家 GAP 认证。获得原产地标志认定的中药材有方城裕丹参、西峡山茱萸、封丘金银花、唐半夏、息半夏、南召辛夷、禹白附、禹白芷、桐桔梗、卢氏连翘、"四大怀药"（地黄、山药、菊花、牛膝）等 27 个品种。

2018 年，河南省中药材种植面积 198 万亩，年产量 155.3 万吨，总产值 200 多亿元。

二、机械化发展现状

（一）茶叶

通过本次调查，河南省用于茶叶生产的修剪、植保、采收、加工等环节的机具数量共 48 017 台（套）。总体来看，河南省茶叶生产机械化程度不高，综合机械化作业水平较低，特别是茶叶田园管理、鲜叶采摘环节和全国其他重要的产茶地区存在较大的差距，主要以人工为主，茶叶加工环节基本实现机械化，尤其以杀青、理条、整形机械化程度最高。

全省茶企业 900 余家，茶叶专业合作社 600 多个，其中龙头企业 2 家、省级龙头企业 17 家、市级龙头企业 70 多家，呈现出集约化、集群化、集团化、园区化的良好发展态势，带动力不断增强，有效地推动了茶叶品牌建设。

近年来，河南省农业机械技术中心以落实农机购置补贴政策为契机，在全省大力推广茶叶生产机械。截至 2019 年，河南省已基本实现了茶叶生产管理与加工的初步机械化，降低了茶农的劳动强度，提高了茶农的劳动效益。

（二）中药材

通过本次调查，河南省田间栽培类中药如田七、板蓝根等，在育苗、种植（播种、移栽）、收获、田间转运 4 个环节机具数量共 531 台（套）。林间种植类中药材如枸杞、金银花等，每个作物品种在施肥（开沟、水肥一体化）、中耕（培土、除草）、修剪、植保、收获（含采摘平台）、园内转运 6 个环节机具数量共 17 566 台（套）。

药材种植在耕整地方面主要使用各种型号的深耕犁、深松机、微耕机、旋耕机、联合整地机等机具作业。土地耕整后地表平整均匀，土壤细碎，达到种植中药材土壤条件的要求即可。由于种植面积较小，在耕整地方面，主要采取传统的土地深翻、旋耕联合整地作业，机械化装备用于翻地、旋耕、开沟施肥、田园管理等环节。种植环节主要以播种机和中耕机为主，由于缺乏药材种植专用机具，在育苗、播种、栽培方面采取机械化和人工相结合的方式。收获环节以人工为主，劳动强度大，劳动效率不高，同样没有专用机械作业工具。黄芪、当归、柴胡等一些根茎类药材的收获，主要以薯类挖掘机来进行，机具单一、品种少、收获效果差，需要人工二次捡拾。

三、下一步机械化发展方向和工作措施

（一）茶叶

1. 茶叶生产机械化存在的主要问题　近几年来，河南省茶叶生产机械化

工作有了一些发展，取得了一定的成绩，但茶叶生产机械化发展水平总体还较低，尤其茶园管理机械化工作进展不快。茶园田间管理作业机械短缺，茶园管理还是以人工作业为主，缺少配套适用的耕作、施肥、植保、灌溉等机具。茶园管理机械对生产基础有较高的要求，如开展机耕、机采工作，对山地茶园的坡度、梯面、道路、品种、栽培方式等各种基础条件都有一定的要求，而目前不少茶厂（早期茶厂没有考虑宜机化）茶树间距小，不能有效进行机械耕作管理。一部分茶叶生产加工机械配套不合理，简单加工型多，复式成套型少，传统粗放型多，高科技、连续化、清洁化机具少，制茶单机自动控制水平不高，难以组成全自动生产线，制茶效率不高，工艺简单，质量稳定性不高，造成茶叶色、香、味、形不一致，影响了茶叶加工品质，进而制约了产业化发展水平。农机化服务体系略显薄弱，虽然农机推广人员长期从事农机工作，拥有丰富的实践经验，但在当前农业产业化大发展的情况下，特别是面对日益先进的新机具、新技术，从事农机推广工作需要较宽的知识面，以便向茶农介绍、宣传、指导各种新式茶机的使用性能。缺乏知识的人员很难承担起推广任务，必将影响茶叶机械的推广工作。

2. 茶叶生产机械发展方向

(1) 大力加强茶园基础设施建设。 茶园基础设施建设对茶园管理机械化有着重要影响，茶园大都建于山坡地上，土地平整度、道路和水源等基础设施建设情况都对茶园的机械化作业带来了很大影响。为推进茶园标准化建设，应对一些不合理的茶园结构进行调整、改造，逐步做好茶园种植面、道路、栽培方式等的整体规划，营造适合机械化生产的基础条件。

(2) 全面提升茶叶加工机械化水平。 加快茶叶机械的更新换代，大力推广先进、适用、节能、环保的新机械。淘汰过时的加工工艺和设备，逐步从单机加工作业向机电一体化、智能化茶叶生产线的现代化加工方式发展，提高产品质量和生产效率。

(3) 发展茶叶生产农机社会化服务组织。 针对目前茶园经营规模小、生产机械推广难的实际状况，要积极引导茶农成立茶业合作社等经济合作组织，提高产业集聚化程度，改变单一的农户生产方式，促进茶叶生产上规模、上批量、上档次、上效益。同时要重点培育、发展、支持有机户提供茶机作业服务，解决众多规模较小茶农的实际问题。

(4) 加强推广人员自身技术培训。 通过考察、学习、培训，拓宽推广人员的视野，使他们掌握基本理论知识，通过深入调研和实际工作掌握实际情况和实践经验。

(二) 中药材

1. 中药材生产机械存在的主要问题　通过调查发现，中药材从种到收，

现有的专用机械屈指可数，机械化水平很低，同时存在机械品种单一、规格不多，质量性能不稳定等问题，无法满足药农对农业机械化新装备、新技术的多样化需求。主要表现为：缺少育苗、种植、移栽、采摘、加工机械、防虫、修剪相关配套机械；农机动力多、配套机具少；小型机具多，大中型农机具跟不上发展需要，综合利用率低。造成这种现状的主要原因是中药材品种繁多，播种、采收要求各异，研发中药材生产机械的企业相对较少，研制成本较高。

2. 中药材生产机械发展方向

（1）加大农机装备研发引进力度，补齐薄弱环节短板。加强产学研推用结合，引进消化吸收与再创新结合，开展中药材生产关键薄弱环节机具研发攻关，促进科技成果转化。密切关注国内外中药材生产装备发展动态，加强沟通，及时组织、引进、推广先进适用机具，并向企业反馈使用中存在的问题，促进机具进一步改进和完善。

（2）加强新技术新机具示范力度。加强农机农艺融合，开展中药材生产机械化技术试验示范。

（3）推进农机社会化服务，扩大机械化服务共享面。规范提升中药材农民合作社机械化生产水平，重点扶持合作社购置中药材机械，开展标准化种植、机械化生产和规模化经营，努力为农户提供产前产中产后机械化服务。

附表 2 - 12 - 1　河南省茶叶机械化生产技术装备需求情况
附表 2 - 12 - 2　河南省中药材机械化生产技术装备需求情况（林间种植类）
附表 2 - 12 - 3　河南省中药材机械化生产技术装备需求情况（田间栽培类）

附表 2-12-1　河南省茶叶机械化生产技术装备需求情况

适宜机械化作业环节		现有机具数量（台、套）	估算还需要机具数量（台、套）	所需机具装备基本作业性能描述（作业效率、技术规格等）
田间管理机械	修剪机械	11 870	6 000	单人修剪机（工作幅宽 600 毫米）、双人修剪机（工作幅宽 1 100 毫米）
	植保机械	1 205	300	无人机（适用全地形、续航能力强，作业效率 30～50 亩/小时）
	合计	13 075	6 300	
采收机械		4 948	9 292	单人采茶机（割幅 300 毫米，作业效率 120～150 千克/小时）、双人采茶机（割幅 900 毫米，作业效率 200～300 千克/小时）、电动采茶机（背负式，割幅 400 毫米）
茶叶加工机械		29 994	9 280	茶叶杀青机（滚筒直径 1 000 毫米）、揉捻机（揉桶直径 500 毫米）、茶叶炒（烘）干机
合计		48 017	24 872	

附表 2-12-2 河南省中药材机械化生产技术装备 需求情况（林间种植类）

适宜机械化 作业环节		现有机具数量 （台、套）	估算还需要机具 数量（台、套）	所需机具装备基本作业性能描述 （作业效率、技术规格等）
施肥机械		59	2 033	开沟施肥机
田间管理机械	中耕机械	1 110	1 765	培土机（作业效率 8～10 亩/小时）、除草机（作业效率8～10亩/小时）
	修剪机械	1 500	2 000	电动剪枝机
	植保机械	395	855	喷雾器（药箱容量 15～20 升）、无人植保飞机（作业效率30～50亩/小时）、风送式喷雾机（水平射程25～50 米）
	合计	3 005	4 620	
收获机械		11 000	81	采摘机、采摘升降平台
排灌机械		2	48	水肥一体化设备
运输机械		3 500	1 500	田园搬运机、机动三轮车
合计		17 566	8 282	

附表 2 - 12 - 3　河南省中药材机械化生产技术装备
需求情况（田间栽培类）

适宜机械化 作业环节		现有机具数量 （台、套）	估算还需要机具 数量（台、套）	所需机具装备基本作业性能描述 （作业效率、技术规格等）
耕整地机械		202	165	起垄机（起垄高度 40 厘米以上）
种植 施肥 机械	育苗机械	3	11	精量穴播流水线
	播种机械	84	357	精播机（工作行数 8～10 行，作业效率 5～10 亩/小时）、条播机（作业效率 3～5 亩/小时）
	栽植机械	8	65	移栽机（作业效率 5～8 亩/小时）
	合计	95	433	
中耕机械		30	—	
收获机械		191	260	根茎类作物收获机（作业效率 3～6 亩/小时）、药材挖掘机（作业效率 5～10 亩/小时，配套动力 80 千瓦以上）、收割机（作业效率 10～15 亩/小时）
运输机械		13	137	履带式运输车、收获装载平台
合计		531	995	

湖北省茶叶生产机械化技术装备
需求调查与分析

一、全省茶产业发展现状

湖北省地貌丰富，既有恩施、十堰等山区，也有襄阳岗地，还有江汉平原，因此作物种类特色丰富，历史上省会武汉被称为"东方茶港"。湖北茶产业历史和文化源远流长，清朝中叶之后，汉口作为东方茶港在俄罗斯及欧洲声名鹊起，以汉口为起点的"万里茶道"，与丝绸之路媲美，横跨欧亚，繁盛两个半世纪。"赵李桥""川字""长盛川""生牲川""昌生"等一大批著名商号，以赤壁羊楼洞古镇为生产基地，开辟出"万里茶道"。近年来，省委、省政府，省农业农村厅及全省各级农业农村主管部门高度重视茶产业发展，把扶持茶叶出口纳入全省茶产业发展政策统一部署，给予奖励和支持，湖北省茶产业进入快速发展阶段，发展势头强劲，一年一个台阶。据省统计年报，2018 年，湖北省茶园总面积 482.2 万亩，茶叶总产量 32.98 万吨。茶园面积、产量位居全国前列，成为名副其实的产茶大省。

大力提升茶产业的发展水平，推行茶叶生产全程机械化，促进全省茶叶产业提档升级，是湖北省丘陵山区农机化工作的重要内容，也是推动现代农业建设的重要手段，对于促进农业增效、农民增收，推进农村经济发展具有重要的意义。据年报统计，湖北省 2018 年干茶产量约 2 568 吨，产值约 5.5 亿元。2019 年干茶产量 2 405 吨。

二、全省茶产业机械化发展现状

2019 年，全省茶叶机械拥有量约为 21.1 万台，其中茶叶修剪采摘机械约 12.1 万台、茶叶采收加工机械约 4.5 万台。目前，采摘和加工是茶叶生产机械化的薄弱环节。各地围绕茶叶采摘机械化，大力发展适于茶园地形地貌特点、便于转移和操作的茶叶采摘机械，着力提高茶叶采摘机械化水平。同时，围绕茶叶加工机械化，重点发展杀青、揉捻、炒干、色选、提香等加工机械，提升茶叶加工质量。一些地方积极探索机械化采茶与机械化加工相配套的生产路子，不断完善"春绿、夏红、秋乌龙"茶叶加工模式和机械化技术方案，努力实现夏秋季茶叶生产加工全过程机械化。另外，农产品食品安全意识不断得到强化，茶叶加工生产标准从农产品转向食品，对清洁化、连续化生产水平提出了更高要求，因此，加快淘汰传统落后的茶叶加工设备，实现标准化生产，提高茶叶质量和市场竞争力，是湖北省茶叶生产机械化未来发展的重要方向。

湖北省茶叶生产机械化装备水平和机械化作业水平正在经历稳步提升的发展过程，但同时仍面临着一些不容忽视的问题：

（一）茶园集约化程度不高

湖北省茶叶种植处于"小、散、弱"的阶段，农户茶园以小茶园为主，分散承包。从单户的茶园面积看，湖北省户均茶园面积 2.3 亩，这种千家万户分散种植的生产状况导致茶园过于分散，地块小，没有集中连片，难以进行统一管理、形成规模化生产，很大程度上限制了茶园机械化作业。

（二）茶园基础设施滞后

一是茶园地理条件差。山区茶园大部分建设在山坡上，坡陡地窄，地面平整度差，非常不利于机械化生产。二是茶园配套设施不完善。湖北省现有茶园 70% 以上是农户茶园，多数是 20 世纪 70 年代建立的，绝大多数没有按机械化作业标准建设，缺乏配套的园路，尤其是主道、支道、步道、操作道建设不完善，道路过少、过窄，生产机械无法进入，也无法掉头。三是茶园种植布局不科学。湖北省茶园多为双行条植，一些早期建设的茶园往往种植密度过大、行距太小，不适宜机械化作业。

（三）加工企业良莠不齐

全省大小茶企约 5 000 家，进行茶叶产业化经营的企业有 500 多家。大多数企业规模小，为作坊式加工，环境脏乱差，机械设备老化落后且不配套，工艺设计不合理。生产加工以单机作业为主，加工效率低，管理粗放；没有使用清洁化能源，茶叶杀青和烘干机械使用的热源大多是柴，部分用煤，污染较重，加工中的清洁化生产难以保证，并且品质也不稳定，缺乏成熟成套的连续化、清洁化、自动化加工生产线，严重制约茶叶加工标准化、机械化进程。

（四）装备研发明显不足

湖北省茶叶加工设备性能稳定性差、制优率不高、标准化程度和连续化、自动化程度低，离食品加工业的要求还有较大差距，整体水平尚处于初级阶段。湖北省茶机企业奇缺，当前仅"五峰"一家一枝独秀，茶叶生产机械基本靠从外省及国外引进，很多引进的机械往往不切合湖北省茶叶生产的实际需要，难以解决生产中的实际问题，甚至白白闲置。

（五）农机农艺融合不够

一是茶园栽培模式与机械化生产要求不相适应，农机农艺分离。二是机械设备配套建设不到位、不平衡。目前全省茶园机械主要集中在宜昌、恩施、黄冈、咸宁等地；茶园机械类型以修剪机、采茶机、茶园微耕机、喷灌机械等为主，病虫害预防预警机械相对欠缺；清洁化、连续化、智能化加工机械研发与应用严重不足，不能满足生产需求。

三、全省茶叶生产机械化对策建议

（一）加快推进标准化茶园基地建设

稳定茶园总面积，实施"三个一批"，即改造更新一批、淘汰一批、新建一批，发展适合机采的标准化生产茶园，为全省茶业生产机械化打下良好的种植基础。加强茶树新品种引进、选育、区试、推广等工作，建设生态茶园。改造和新建并重，在全省建成一批基础设施完善、品种结构合理、良种良法配套、机械化作业的生态示范茶园，为机械化生产创造有利条件。大力推广茶园机采、机剪、机耕、机防"四机"集成技术，实现基地良种化、机械化、标准化、信息化、园林化和无害化。

（二）加强农机农艺融合集成

加强农机部门和茶叶部门的紧密合作。创新农机农艺结合模式，最大限度地发挥茶园管理机械化在茶叶生产中的作用。大力推广茶园"四机"技术集成。形成适合湖北省茶叶机械化生产的技术规范和标准。加强科技研发合作，发挥高校、科研院所和农机制造企业优势，加快新机具的研制、引进、推广步伐。围绕茶叶生产重点环节和紧缺技术，积极开展自主创新与引进、消化、吸收、再创新，努力实现茶叶生产新机械、新技术的从无到有、从有到优，为茶叶生产机械化提供机具支撑。

（三）加强茶叶生产机械化示范推广

建立茶叶生产机械化示范基地，重点做好茶园机采、机修、机剪、机防试验示范推广，集成一套先进的茶园机械化管理技术；加强新型经营主体和茶农的技术培训，提高劳动者的操作技能和综合素质；培育样板基地，创新服务模式。湖北省将继续把茶叶生产机械化作为农机化创新示范的重点进行扶持，充分发挥茶叶生产机械化创新示范基地的辐射带动作用和农机购置补贴的政策引导作用，不断激发、调动农民发展茶叶生产机械化的积极性。湖北省赤壁市农机局从市政府争取 100 万元专项资金，用于茶叶生产机械叠加补贴，重点扶持茶产业发展壮大。

（四）加快推进茶叶加工转型升级

重点围绕清洁化、连续化、自动化、标准化、规模化要求，重点优化集成新技术、新工艺、新能源、新机械、新厂房、新环境，通过 QS、HACCP、ISO9001、ISO14001、GAP 和有机、绿色认证，加速茶叶初、精制厂优化改造升级，构建现代茶业加工集群，促进茶叶加工清洁化、标准化、规模化，提高行业形象和竞争力。

（五）建立和完善农机服务机制

积极为茶农提供热情周到的政策咨询、机具推广、技术培训等服务，建立茶叶机械化创新示范基地，发挥基地的示范引导作用。宜昌市通过技术服务、政策支持，帮助以五峰天池茶叶机械有限公司等为代表的茶叶生产加工装备制造企业开发推广机械，争取将该市开发生产的茶叶机械纳入国家农机购置补贴范围，该市每年茶叶生产加工机械，包括茶叶修剪机、采茶机、微耕机、杀青机等，获得国家农机购置补贴近 1 000 万元。宜昌还大力支持创建以茶叶生产为重点的农机合作社、农机大户和家庭农场，努力形成推进茶叶生产机械化发展的社会化服务机制。

附表 2-13-1　湖北省茶叶机械化生产技术装备需求情况

附表 2-13-1　湖北省茶叶机械化生产技术装备需求情况

适宜机械化作业环节		现有机具数量（台、套）	估算还需要机具数量（台、套）	所需机具装备基本作业性能描述（作业效率、技术规格等）
宜机化改造		600	50	平地机（平稳性强，作业效率 50 亩/小时以上）
耕整地机械		—	1 330	电动微耕机（作业效率 15 亩/天以上）、旋耕机（作业效率 15 亩/天以上）、全自动微耕机（耕宽 30 厘米、耕深 15 厘米，作业效率 1 亩/小时以上）
施肥机械		2 000	700	施肥机、开沟施肥机（平稳性强，作业效率 6 亩/小时以上）
田间管理机械	中耕机械	6 300	941	中耕机（作业效率 6 亩/小时以上）、除草机、培土机
	修剪机械	121 000	2 764	单人修剪机（作业效率 8 亩/天以上）、修剪机、双人修剪机
	植保机械	5 350	2 603	电动喷雾器（作业效率 2 亩/天以上）、机动喷雾器、太阳能杀虫灯、担架喷雾器（作业效率 50 亩/天以上）、植保无人机（作业效率 200 亩/天以上）等
	合计	132 650	6 308	
采收机械		45 000	2 003	单人采茶机、智能采茶机、双人采茶机等
排灌机械		850	80	水肥一体化设备、灌溉设备
茶叶加工机械		30 000	1 757	茶叶揉捻机、杀青机、烘焙提香机、烘干机、理条机、摊青槽、压扁机、辉干机等
合计		211 100	12 228	

湖北省中药材生产机械化技术装备
需求调查与分析

一、产业发展现状

　　湖北省山场面积辽阔，立体气候特征明显，中药材资源丰富，素有"华中天然药库"之称，优质道地药材较多，如蕲艾、茯苓、黄连、厚朴、独活、木瓜、党参、杜仲、天麻、湖北贝母、续断、苍术、半夏、川黄檗、玄参、山麦冬、射干、莲子、菊花、艾叶、蕲蛇、蜈蚣、龟板、鳖甲、石膏等。全省中药材留存面积 529.5 万亩，其中播种面积 226.95 万亩，产值 62 亿元。据统计，恩施州各类中药材种植面积达到 139.5 万亩；十堰市中药材种植面积达128.25 万亩（人工种植 68.4 万亩、野生采养 59.85 万亩）；黄冈市的中药材基地种植面积已超过 60 万亩。一批优势中药材品种业已形成，全省单品种留存面积 10.5 万亩以上的品种有 8 个。

　　根据统计，湖北省中草药种植主要在丘陵山区进行，机械化作业困难，通过推进规模化种植，部分合作社已实现了机械化耕整、施肥、植保、初加工。但整体而言，机械化程度依然较低。目前，耕整地环节机械化作业面积 30 万亩，有旋耕机、微耕机、田园管理机等耕整机械 2 000 余台（套）；机械植保作业达 130 万亩，有喷杆喷雾机、动力喷雾机、无人机等植保机械 3 700 余台（套）。

二、产业发展存在的问题

　　中药材种植管理主要依靠人工，机械化水平低，同时中药材存在特殊性，如十堰市房县种植的虎杖，该药材的生产深度大，可达到 1 米，进行机械化收获存在极大困难。英山县的大宗中药材仓术、茯苓、天麻、虎杖、石斛、香榧、银杏等品种的高产高效规范化种植技术、病虫害综合防治技术得到了很好的示范和推广，但是深加工、精深加工、储藏等，机械化程度不高。特别是种植、栽培、收获、切片、处理等方面机械化程度还在起步阶段，大多还是以人工为主，生产成本高。

三、思考与对策

通过此次调查，了解了湖北省中药材机械化生产的现状，并总结了中药材机械化生产程度低的问题症结和短板。丘陵山区是湖北省中药材种植的重要地带，为了进一步提升中药材种植效益，减轻劳动强度，针对丘陵山区中药材种植的特殊性，进一步引导农机生产企业加强技术研发力度，着眼于关键技术难题，研发适宜于丘陵山区使用的中药材种植管理加工的特色农机装备。此外，还需要积极寻求和探索通过加大相关政策倾斜、大力引进新技术新产品、加强示范推广培训等措施，推进湖北省中药材生产机械化向更强更好的方向发展。

附表 2-14-1 湖北省中药材机械化生产技术装备需求情况（林间种植类）
附表 2-14-2 湖北省中药材机械化生产技术装备需求情况（田间栽培类）

附表 2 – 14 – 1 湖北省中药材机械化生产技术装备
需求情况（林间种植类）

适宜机械化 作业环节		现有机具数量 （台、套）	估算还需要机具 数量（台、套）	所需机具装备基本作业性能描述 （作业效率、技术规格等）
耕整地机械		—	50	微耕机（柴油机）
施肥机械		260	300	施肥机、开沟施肥机
田间 管理 机械	中耕机械	250	150	培土机（柴油机）
	修剪机械	250	150	电动剪枝机、割灌机
	植保机械	120	50	电动喷雾器
	合计	620	350	
收获机械		150	120	挖机、采摘升降平台
排灌机械		80	160	水肥一体化设备、增压泵
运输机械		45	35	农用叉车、轨道运输机
合计		1 155	1 015	

附表 2-14-2 湖北省中药材机械化生产技术装备 需求情况（田间栽培类）

适宜机械化作业环节		现有机具数量（台、套）	估算还需要机具数量（台、套）	所需机具装备基本作业性能描述（作业效率、技术规格等）
耕整地机械		5 800	820	微耕机（作业效率12亩/天以上）、起垄机（作业效率40亩/天以上）
种植施肥机械	育苗机械	10	—	
	播种机械	410	300	穴播机（作业效率60亩/天以上）、精密播种机（作业效率60亩/天以上）
	栽植机械	370	900	移栽机（作业效率80亩/天以上）
	合计	790	1 200	
植保机械		790	410	电动喷雾器（作业效率2亩/天以上）、担架式喷雾器（作业效率50亩/天以上）
收获机械		1 040	800	药材收获机（作业效率30亩/天以上）
运输机械		108	130	山地搬运车（作业效率120吨/天以上）、收获装载平台
合计		8 528	3 360	

湖南省茶叶、中药材、热带作物生产机械化技术装备需求调查与分析

一、茶叶生产机械化技术装备需求调查与分析

（一）茶叶产业发展现状

湖南是全国著名的茶叶产区，自古名茶荟萃，素有"江南茶乡"之称。全省80％的县市区产茶，农村涉茶人口超过1 000万人，茶叶已成为湖南省农业农村经济发展的重要产业。2018年，全省茶园面积247.5万亩，比上年增长5.9％，居全国第8位；茶叶产量21.47万吨，比上年增长8.9％，居全国第5位；单产约90千克/亩，居全国第3位；全省茶业综合产值达796亿元。全省茶叶生产进一步向优势区域集中，基本形成U型优质绿茶带、雪峰山脉优质黑茶带、环洞庭湖优质黄茶带和湘南优质红茶带，并成为全国著名的"绿茶优势产业带""中国黑茶之乡""中国黄茶之乡"。全省38个茶叶优势区域县、重点县的茶园面积占全省的78.7％，茶叶产量占全省的85％。

（二）茶叶生产机械化发展现状

近年来，通过茶叶优质产业带布局结构调整，推进茶园标准化建设，茶园基地基础设施得到了很大改善，茶叶生产各环节机械化水平有了一定程度的提高。目前在茶叶中耕、施肥环节中，微耕机、小型锄草机、打孔施肥机等小型机具应用较多，非名优茶的采摘、修剪等环节机械化水平相对高，茶叶采摘机、茶树修剪机应用较为广泛。从调研情况来看，此次调研普通茶园140.4万亩，名优茶园21.97万亩，茶叶生产相关农机具约30 000台（套），普通茶园中修剪、植保、采收环节机具保有量比较多，修剪、植保环节机具保有量占比均在20％左右，植保环节使用机具主要为机动喷雾机和杀虫灯。茶叶加工机具以揉捻机、杀青机、烘干机为主。名优茶园中加工环节机具保有量最多，共有1 815台（套），占比接近40％。从各环节作业规模来看，宜机化改造环节的机械化作业规模不大，普通茶园宜机化改造面积仅为5.43万亩，不足2％；名优茶园宜机化改造面积6.2万亩，也只占调研面积的7.78％。植保环节和加工环节机械化作业规模相对较大。常德市调研显示，当地茶园生产综合机械化水平30％左右，其中宜机化改造0.03％、施肥0.03％、中耕40％、修剪

42％、植保 4％、采收 26％、加工 28％。衡阳市调研显示，当地茶叶修剪环节基本实现机械作业，最薄弱的环节还是采收，以人工采摘为主，有机具的也用得不多，特别是春茶，都是人工采摘；茶园宜机化改造、水肥一体化水平也都比较薄弱，全市茶叶生产机械化整体水平不高，大约在 20％左右。

（三）茶叶生产机械化工作开展情况和取得成效

湖南省近年来在茶叶生产机械化方面主要抓了以下几方面工作。一是抓规划，加大工作推力。湖南省相继出台了《关于全面推进茶叶产业提质升级的意见》《湖南省茶叶产业发展规划（2013—2020 年）》，省委、省政府把茶叶作为全省强农行动、乡村振兴的十大产业、七大千亿产业给予重点扶持。省农机部门牵头成立了茶叶千亿产业机械化专家组，通过专家组抓紧组织研发先进适用创新机具，创建茶叶产业机械化示范区，强化茶叶生产机械化技术培训，取得了显著成效。二是制定路线，明确推进重点。湖南省组织相关专家，研究制定了湖南省茶叶机械化生产技术路线。技术路线围绕湖南省茶叶生长环境和自身特点，针对茶叶规模化生产各环节，以突破茶园管理、茶叶采摘、鲜叶分级等关键环节生产机械化为重点，按照机艺融合原则，做好机具、设备的选型与配套，合理建立机械作业与人工相结合的机械化生产技术路线，并在此基础上制定关键环节的技术规范。三是加强示范，加快技术推广应用。2019 年 9 月在安化县云台山举办的茶园生产机械化现场演示会上，所有参演机具均通过对比试验后从优选定。推广茶叶生产加工机械化技术、先进的生产工艺，有力推进了茶叶产业技术装备的普及和提升。

（四）下一步茶叶机械化发展方向和工作措施

1. 茶叶生产机械化存在的主要问题和制约因素　在机具、技术方面，目前受限于茶园碎石多、行距窄、土质硬的现实条件，中耕、修剪、植保等环节使用机具以小型除草机、修剪机、植保机为主，这类机具效率较低、成本偏高，而符合茶园农艺要求的中耕、锄草、施肥、运输等环节的先进适用机械相对较少。茶叶生产机械化重点环节如育苗、播种等，受地形和土质所限，精密穴播流水线和精密播种机得不到应用，机械化水平不高。移栽机的使用仅限于土质较好的地块，收获机械在地形和土质好的地块上能够得到充分应用，田间转运环节的收获装载平台由于地块零散得不到推广应用，机械化水平同样不高。

在示范推广方面，目前基层对茶叶机械化生产的扶持力度还不是很大，如衡阳市的茶叶生产扶持主要集中在新茶园建设、部分老茶园改造、茶叶品牌建设推广上，而且资金量也不多，用在茶叶机械化示范推广项目和推广经费上的就更少了。部分市县反映当地除了缺少茶叶生产相关机具外，也缺乏熟练的茶叶生产机械操作者，一些茶叶生产企业表示不是不愿意投入购买机械设备，而是现在在茶厂工作的都是 50、60 多岁的老人，他们既缺乏对机械化应用的积极性，也缺少机械化操作技能。

2. **推进茶叶生产机械化发展的技术方向和工作措施** 加快推进茶园宜机化改造工作。围绕湖南省茶叶千亿产业发展目标，高标准建园，精细化管理，改造、新扩两手抓，大力推广水肥一体化、有机肥替代化肥、减肥减药、病虫害绿色防控等茶园机械化绿色安全、先进适用技术，提高质量安全水平，提高生产效益。

加强标准化体系建设。实施茶叶机械化标准化建设，是为了保证生产作业质量，是茶叶生产建设的重要一环，按照机艺融合原则，做好机具、设备的选型与配套，合理建立机械作业与人工相结合的机械化生产技术路线。要在发展规模化加工的基础上，通过自动化、清洁化生产，建立起茶叶生产的全过程质量控制体系。

因地制宜研究开发农机新装备。丘陵地区山区县，茶叶生产基地大都在山坡上，而目前适用于平原或者田间的机械不适用于山上的茶叶生产。要加大适用于丘陵地区茶园使用的机具研究开发力度。

二、中药材生产机械化技术装备需求调查与分析

（一）中药材产业发展现状

湖南省野生中药材资源比较丰富，据第四次全国中药资源普查统计，湖南省中药资源共计 4 123 种、其中药用植物 3 604 种、药用动物 450 种、药用矿物 69 种、常产供应品种 240 余种。湖南省发展道地中药材产业，不仅具有得天独厚的自然环境和资源条件，而且具有悠久的历史和产业基础。湖南省现有中药材种植面积超过 400 万亩，常年种植的大宗、道地药材品种超过 60 种；现有中药材种植企业（专业合作社）超过 300 家，从事中药材种植的农户超过 20 万人。据不完全统计，2017 年全省中药农业收入 150 亿元，约占全国的 7%，居全国前 10 位。

（二）中药材生产机械化发展现状

湖南省中药材主要集中在雪峰山、武陵片区、罗霄山脉片区、南岭片区，大多为贫困人口集中的地区，中药材种植大多通过手工劳动完成，机械化作业水平极低。如金银花和百合产业除耕整地环节外，种植和收获生产环节的机械化作业基本上是空白，完全依靠人工，农户对于适用于中药材生产

的播种机、微灌设备、收获清洗机的需求较大。从调研情况来看,林间种植类中药材共调研 76.01 万亩,机具保有量 2 907 台,其中施肥环节机具 494台、中耕环节机具 831 台、修剪环节机具 504 台、植保环节机具 304 台、收获环节机具 518 台、田间转运环节机具 111 台。田间栽培类中药材调研46.39 万亩,其中机具保有量比较少,需求量是机具保有量的 14 倍,说明种植户对适用机具需求很大。邵阳的百合初加工环节如清洗、蒸煮、烘干、分选等机械化水平在 80% 左右,其余环节的机械化作业均处于引进、验证使用阶段,综合机械化水平极低。金银花烘干的机械化水平相对较高,但烘干质量和效率还有待提高。隆回金银花烘干机械化作业率在 80% 以上。衡阳市祁东县是黄花菜种植大县,目前在黄花菜机械化生产方面开沟培土机、施肥机相对多一点,由于黄花菜是三年一轮作,相对来说,整地机械更少一点,一般农户有些还是完全依靠人工完成。由于黄花菜产业季节性比较强,每年 6—8 月是集中采收时间,黄花菜的采摘和搬运全部是人工操作完成;除几家规模企业采用杀青烘干机外,大多散户还是以蒸、晒等原始传统方法干制,造成产品品质不高。常德市安乡县对青蒿生产机械化进行了重点调研,该县青蒿生产在采收、转运等环节使用农机具数量 180 余台(套),但机械化水平不高,除青蒿成熟时有少量面积的机械砍伐,机械率不足 1%,青蒿机械转运率 100%,其余各生产环节基本上以人工作业为主。因此青蒿生产的机械化水平整体不足 15%。

(三)中药材生产机械化工作开展情况和取得成效

一是成立专家组,确定研究方向。2018 年年底,湖南省农机部门积极行动、主动作为,成立了由省农机部门分管领导牵头负责,包括机械、农艺、种植等多专业 5 名专家构成的中药材千亿产业机械化专家组。二是制定路线,明确推进重点。湖南省组织相关专家,研究制定了百合机械化生产技术路线。技术路线根据百合生产特点,对耕整地、种植、管理、采收、初加工等各个环节的技术要点及主要适用机具机型进行了明确,按照机艺融合原则,做好机具、设备的选型与配套,合理建立机械作业与人工相结合的机械化生产技术路线。三是加强示范,加快技术推广应用。于 2019 年 8 月在邵阳隆回县召开了龙牙百合机械化挖掘采收现场演示会,参会的各级领导、专家、龙牙百合种植合作社机手、大户纷纷对该型百合收获机操作简单,工作效率高,能一次完成挖果、果土分离、物料收集的优越性能表示肯定。

(四)下一步中药材生产机械化发展方向和工作措施

1. **生产机械化存在的主要问题和制约因素** 从调研来看,一些传统的中药材种植、管理、收获方式效率比较低下，整个行业的机械化生产水平普遍处于低层次阶段，即使使用了部分机械，也是半自动或者机械助力，许多环节甚至还是纯人工操作，如百合播种、收割后球茎分片（瓣）等，急需农机部门加大推广扶持力度以及农机生产企业加大研发投入力度，提升农业机械化水平。由于中药材品种多，部分生产基地规模又不大，种植区域比较分散，导致地形复杂，既不适宜机械化作业，也不利于产生机械化生产规模效益，很多种植户缺乏机具使用积极性。机具生产企业也受限于机具的专用性，规模化效益的预期较低，也就无法提高企业的研发积极性。中药材种植基地宜机化改造水平低，又缺少标准化，也限制了对生产机械化机具推广使用。

2. **推进中药材机械化机具研发的制造方向**　中药材机械化机具研发要坚持产业科学发展，坚持以机械化生产代替传统手工劳动，通过提高中药材机械化水平来提升中药材种植经济效益。对于块茎类中药材机械化装备，重点研制栽植机械、高效植保机械、多功能采收机械等高性能现代农业机械。对于花果类中药材机械化装备，重点研制山林垦覆机、高效植保机械、将藤蔓类花果中药材的藤蔓修剪与花果采收集成的多功能采收机械和用于木本类中药材的具备花果图像识别、定向采收功能的多功能采收机械等现代农业机械装备。对于皮类中药材机械化装备，应重点研制山林垦覆机，高效植保机械以及将枝条采收、集中剥皮集成的多功能剥皮机械。

3. **推进中药材生产机械化发展的工作措施**　一是加快中药材种植基地宜机化改造工作。通过引进、推广适合本地区的中药材生产机械化机具，加强培训农户使用新机具新技术力度，做好适宜机械化生产的新种植模式推广，推进中药材机械化种植相关行业标准制定，做好种植户、生产企业和科研单位的协同体系，提升中药材机械化机具的推广进度和效率。二是加快中药材生产机械化技术推广示范。围绕湖南省中药材生产机械化技术路线，力争中药材产业机械化作业能够形成规模，基本实现种子种苗、耕作整地、水肥与病虫草害、采收和产地初加工等环节有机可用。对中药材生产机械化适用的土壤改良、水肥一体化灌溉、机械化施肥与植保等加大建设、推广力度，通过提高中药材生产质量，来促进产业经济效益的提升。

三、麻类作物生产机械化技术装备需求调查与分析

（一）麻类作物产业发展现状

湖南省苎麻种植面积为 10.3 万亩、其中平原湖区 2.1 万亩、丘陵区 4.0 万亩、山区 4.2 万亩。平原区沅江、汉寿、南县、华容、君山 5 个县（市）、丘陵区桃源、浏阳、茶陵、攸县、宜章 5 个县（市），山区慈利、永定、永顺、

凤凰、安化 5 个县（市）是湖南省苎麻发展的优势区域。平原湖区主要以高产优质苎麻生产为主，丘陵区则以优质高产苎麻生产为主。2019 年湖南省苎麻总产 1.482 万吨，按机剥苎麻 16 元/千克的价格计算，湖南省苎麻总产值大约为 2.372 亿元。省精干麻年脱胶能力为 1 万吨，实际年生产精干麻约为 5 000吨，纯苎麻纱约为 3 000 吨，生产纯苎麻布约 1 600 万米。苎麻纺织工业总产值约 18 亿元。

（二）麻类作物生产机械化发展现状

湖南省苎麻作物机械化总体水平较低。整地环节使用通用机械基本实现了机械化；播种或育苗环节则因缺少机具，还是以人工为主；中耕除草环节也是以人工除草为主、化学除草为辅。在收割拔麻环节，虽然有小型动力剥麻机等机械，但应用较少，目前还是以人工割秆为主。脱粒或脱叶环节以人工为主，剥制主要靠手工剥皮、刮麻器辅助去壳为主，现有剥制方式机械化水平低，剥制纤维品质差，机械化程度有待提高。苎麻鲜饲及青贮配套技术与应用机械均日益成熟，有一定应用前景但饲用效益有待提高。

（三）下一步机械化发展方向和工作措施

目前苎麻种植户受苎麻市场价格影响较大，市场价格波动与人力成本高企，造成了近年部分区域的苎麻种植积极性有所下降。苎麻产业机械化发展，要立足于通过机械化代替人工，降低生产成本。一是加大新型机具研发力度。苎麻不同于其他农产品，植株高矮、茎秆粗细各异，且收获时必须刮去表皮、打碎麻骨。传统的人工收获剥麻方式，不仅劳动强度大，而且费工费时、成本很高。苎麻生产必须摆脱传统的收剥方式，实行机械化收获。苎麻种植与收获等环节目前人工费占成本的 60% 以上，虽然小型动力剥麻机等机具已得到一定应用，剥麻成本可节省 50% 左右，但成品含胶质较多，企业一般要降低收购价格 0.5～1 元/千克。应根据目前苎麻生产实际情况，改造现有剥麻机械，着力研究开发和推广直喂式智能剥麻机具，使之符合丘陵山区苎麻生产现状。二是建立产学研推协同推进体系。进一步加快建设以市场为导向、企业为主体、产学研结合的技术创新体系，促进各种创新要素向企业聚集。要通过育种、栽培、机械、脱胶等专家协同创新与攻关，形成整套机械化收获模式，从而通过机械化收割作业大幅度降低现有成本。通过研发高效收割与打捆一体化机械，研制连续喂入式高效剥皮机械，可降低苎麻种植成本，而且可集中提供大量麻叶、麻骨等副产物，以供开发利用。加快收获剥制设备、脱胶及纺织先进工艺技术装备的研制，采用先进的生物环保脱胶工艺路线，有利于提高精干麻质量，降低生产成本，减少环境污染。

附表 2-15-1 湖南省茶叶机械化生产技术装备需求情况
附表 2-15-2 湖南省中药材机械化生产技术装备需求情况（林间种植类）
附表 2-15-3 湖南省中药材机械化生产技术装备需求情况（田间栽培类）
附表 2-15-4 湖南省麻类作物机械化生产技术装备需求情况

附表 2-15-1 湖南省茶叶机械化生产技术装备需求情况

适宜机械化 作业环节		现有机具数量 （台、套）	估算还需要机具 数量（台、套）	所需机具装备基本作业性能描述 （作业效率、技术规格等）
宜机化改造		71	104	平地机
耕整地机械		16	119	微型挖机、茶园深耕机、开沟（挖渠）机、灌木茶开沟机
施肥机械		363	1 781	开沟施肥机
田间管理机械	中耕机械	3 731	7 783	除草机、培土机
	修剪机械	5 816	4 520	单人修剪机、修剪机、双人修剪机
	植保机械	6 126	7 455	杀虫灯、机动喷雾机、植保无人机、电动喷雾器
	合计	15 673	19 758	
采收机械		3 462	6 813	单人采茶机、双人采茶机、采茶机
排灌机械		35	1 121	水肥一体化设备
茶叶加工机械		11 206	9 372	茶叶揉捻机、杀青机、烘干机、自动闷黄机
合计		30 826	39 068	

附表 2–15–2 湖南省中药材机械化生产技术装备 需求情况（林间种植类）

适宜机械化作业环节		现有机具数量（台、套）	估算还需要机具数量（台、套）	所需机具装备基本作业性能描述（作业效率、技术规格等）
施肥机械		494	1 915	开沟施肥机
田间管理机械	中耕机械	831	2 702	除草机、培土机
	修剪机械	504	2 198	电动剪枝机、割灌机
	植保机械	304	668	风送式喷雾机、无人植保机
	合计	1 639	5 568	
收获机械		518	3 058	采摘机、采摘升降平台、黄精挖掘机
排灌机械		145	338	水肥一体化设备
运输机械		111	1 026	轨道运输机、田园搬运机
合计		2 907	11 905	

附表 2-15-3　湖南省中药材机械化生产技术装备
需求情况（田间栽培类）

适宜机械化 作业环节		现有机具数量 （台、套）	估算还需要机具 数量（台、套）	所需机具装备基本作业性能描述 （作业效率、技术规格等）
耕整地机械		—	64	旋耕机（作业效率 5 亩/小时以上）、开沟机（作业效率 2 亩/小时以上）、覆膜机（作业效率 2 亩/小时以上，可调节）
种植施肥机械	育苗机械	—	122	精量穴播流水线
	播种机械	24	197	精密播种机
	栽植机械	4	152	移栽机
	合计	28	471	
修剪机械		—	100	电动油锯（作业效率 1.2 亩/小时以上，配套动力 2~2.5 马力）
收获机械		56	1 693	百合收获（挖掘）机、收获机、翻土式黄精收获机、（花、果等）采摘机
运输机械		—	221	运输平台、轨道运输机
合计		84	2 549	

附表 2-15-4 湖南省麻类作物机械化生产技术装备需求情况

适宜机械化作业环节		现有机具数量（台、套）	估算还需要机具数量（台、套）	所需机具装备基本作业性能描述（作业效率、技术规格等）
耕整地机械		36	70	旋耕机
施肥机械		60	90	施肥机、开沟施肥
田间管理机械	中耕机械	46	95	培土机、除草机
	修剪机械	225	185	割草机、割灌机
	植保机械	8	20	植保机械
	合计	279	300	
收获机械		170	150	打麻机
排灌机械		—	80	节水灌溉
运输机械		23	28	三轮农用运输车、单轨运输机
加工机械		10	20	杀青机
合计		578	738	

广东省茶叶、热带作物生产机械化技术
装备需求调查与分析

一、产业发展现状

广东省茶叶产区主要集中在山区，梅州、揭阳、潮州、肇庆、云浮、湛江、河源、清远、韶关、茂名等地的茶叶种植面积、产量均占全省的 95% 以上。茶叶以绿茶、乌龙茶为主，特色名优茶主要有韶关英德绿茶、红茶，汕头潮州乌龙茶、凤凰单丛茶，湛江廉江金萱茶等。据广东省农业农村厅发布的数据，2019 年全省茶叶生产规模持续增长，但增速有所减缓。茶园面积预计将达 100.08 万亩，同比增长 5.26%，增幅下降 3.28 个百分点；茶叶产量预计将达 11.06 万吨，同比增长 10.7%；年单产水平 111 千克/亩，全国排名第二；全年干毛茶产值达 143.72 亿元，增长 14.2%。2019 年预计绿茶产量 4.1 万吨、乌龙茶产量 4.8 万吨、红茶产量 1.26 万吨，同比分别增长 28.6%、7.9% 和 9.1%。绿茶和乌龙茶占比分别由 38.04%、44.04% 下降至 37.1% 和 43.40%，红茶占比由 9.81% 提升至 11.4%。2019 年广东继续保持全国茶叶消费第一大省的地位，预计茶叶消费量将达到 16 万吨，同比增长 4.4%。作为全国茶叶的集散中心，广东省茶叶流通量稳居全国首位，约占全国总销量的十分之一。目前，广东大力推进茶叶产业现代农业产业园和茶叶特色村镇建设，创建了 10 个国家级、119 个省级、55 个市级现代农业产业园，其中茶叶类产业园 13 个。

广东拥有丰富的水果资源，种植的热带经济作物有荔枝、龙眼、柚、菠萝、香蕉、柑橘（柑橘橙）、甘蔗等。广东是全国最大荔枝产区、最大菠萝产区、第二大柚子产区，第二大龙眼产区。据广东省农业农村厅发布的数据，2020 年广东省荔枝种植面积约为 410 万亩，荔枝总产量 130 万吨，同比增长 20%，总产量约占全国 51%；龙眼种植面积为 171.02 万亩，产量约为 99 万吨；柚子种植面积约为 65.9 万亩，产量约为 102 万吨；菠萝种植面积预计为 60 万亩，约占全国面积的 55%，产量预计 118 万吨，约占全国总产量的 64%。其中主产区湛江徐闻菠萝种植面积 35 万亩，预计收获面积 24 万亩，产量 72 万吨，产量约占全国的 39%、全省的 61%。据 2019 年广东统计年鉴，2018 年广东省香蕉种植面积 163.11 万亩，产量 422.84 万吨；柑橘（柑橘橙）

种植面积 283.2 万亩，产量 343.07 万吨。2019 年中国甘蔗种植面积约
2 072.85 万亩，广东省甘蔗种植面积 254.52 万亩，占全国的 12.28%，2019
年中国甘蔗产量 10 938.81 万吨，广东省甘蔗产量 1 434.65 万吨，占全国的
13.12%，广东省是我国甘蔗生产的主产区，是国家三大甘蔗优势区域之一。

目前，广东拥有柑橘国家地理标志产品 23 个、荔枝国家地理标志产品 15
个、香蕉国家地理标志产品 2 个、龙眼国家地理标志产品 2 个、菠萝国家地理
标志产品 2 个以及各县市（区）区域公用品牌若干，为广东水果省级区域共用
品牌打造奠定了基础。广东省计划重点打造广东荔枝、香蕉、菠萝、龙眼、柑
橘（柑橘橙）、柚等六大类水果省级区域公用品牌，制定标准体系和名录管理
办法，并实施一系列品牌营销、宣传及推广等工作，促进优质水果销售，并推
动广东农业升级转型。

二、机械化发展现状

（一）茶叶

广东的茶叶产区主要集中在山区，受地理条件和传统种植模式的制约，茶
叶生产机械化发展仍然处于初级阶段。一方面特精专机械装备供给不足，另一
方面农机农艺融合不深（茶园在土地整理、种植方式方面没有考虑机械化作业
的需要，有机难用）。目前，茶叶生产主要还是以手工劳动为主，机械化水平
较低。从清远、河源、梅州三市上交的统计需求调查看来，宜机化改造环节有
平地机 3 台；施肥环节有开沟施肥机 92 台，水肥一体化设备 678 台（套），灌
溉设施 2 套；中耕环节有培土机 1 520 台，除草机 165 台，茶园综合管理机 1
台，微耕机 365 台；修剪环节有单人修剪机 1 345 台，双人修剪机 38 台，修
剪机 245 台；植保环节有机动喷雾机 3 149 台；采收环节有单人采茶机 2 040
台，双人采茶机 3 台，3 人采茶机 6 台，小型采茶机 138 台；加工环节有杀青
机 2 586 台，揉捻机 1 815 台，烘干机 16 台，茶叶萎凋槽 15 台，茶叶烘焙提
香机 3 台，筛选机 6 台，茶叶萎凋机 6 台，摇青机 35 台，液化杀青机 4 台，
包装机 9 台，燃气杀青机 121 台，自动包装机 56 台，曲毫机 46 台，自动色选
机 7 台。从数据看来，广东省的茶叶生产中耕和加工环节机械化水平较高，宜
机化改造和采收环节机械化水平低，茶园生产综合机械化水平偏低。

广东省的茶叶种植、生产、加工以农户经营为主，规模相对较小，分散不
连片，管理粗放，采摘标准不一，单产较低，茶叶加工用的茶青不足；经营范
围散，茶叶生产组织化程度不高，茶企往往"单打独斗"，集约化生产、规模
化经营尚未形成，资源并未实现优化组合；加工企业弱，主要以小作坊为主，
虽然大部分茶叶企业基本上都购置有茶叶加工设备，但生产方式相对粗糙、制

作工艺落后、生产效率低下、制优率不高，影响了茶叶质量的提升。

近年来，广东省农业机械化技术推广总站围绕丘陵山区茶园生产机械化技术的推广，于 2018 年在清远英德市举办茶园生产机械化技术培训暨推广活动、2019 年在潮州市举办广东省（潮州）茶叶生产机械化技术培训暨推广活动等具有针对性和引领性的培训班及推广活动，有效示范、推广了茶园植保无人机技术、智能水肥一体化技术、乘坐式复合采摘技术、山地轨道运送技术，补齐山地茶园在收获等环节的机械化短板，引导广大茶农使用机械化的耕种方式，提高茶叶生产的机械化水平。为试验、示范茶园管理中最急需解决的开沟、施肥机械化问题，2018 年广东省引进农业部南京农业机械化研究所茶叶机械（包括 302Y 型低地隙茶园多功能管理机主机 2 台、配套深耕机具 1 台、旋耕机具 1 台、单螺旋有机肥施肥机具 1 台、单螺旋无机肥施肥机具 1 台）开展茶园开沟、施肥机械试验和示范，有效带动茶园生产的机械化水平提升。

（二）热带作物

1. **田间栽培类**　甘蔗是广东省主要热带经济作物。2019 年，广东甘蔗生产综合机械化率达 46.55%，其中种植环节机械化率达 20%、收获环节机械化率在 7% 左右、耕整地机械化率在 90% 以上。从清远市上交的统计需求调查来看，种植环节有甘蔗种植机 2 台、行走式喷药机 1 台、甘蔗中耕培土机 4 台、田间捡石机 1 台；收获环节有收割机 1 台；田间转运环节有田间转运铲车 1 台、东方红拖拉机 6 台、迪尔拖拉机 1 台。

2. **林间种植类**　从广州和潮州统计数据来看，荔枝、龙眼生施肥和中耕环节使用的农业机械装备有嘉盛牌开沟机 80 台、水肥一体化设备 4 台（套）、除草机 7 台；修剪和植保环节使用的农业机械装备有大疆牌植保无人机 135 台、筑水牌乘坐式割草机 13 台、极飞牌农业无人机 15 台、洋工牌树枝粉碎机 32 台、风送式喷雾机 2 台，收获和园内转运环节使用的农业机械装备有筑水牌履带搬运机 20 台、田园搬运机 2 台。从中山市统计数据来看，火龙果种植方面，比较大的生产场是港口镇万华农场，种植四季红火龙果面积约 150 亩，拥有分果机 1 台、智能化水泵 3 台和地磅 10 台；番石榴种植比较大的生产场是中山市坦洲镇金斗番石榴专业合作社，该合作社的番石榴种植面积达 350 亩，配有开沟施肥机 2 台、水肥一体化设备 4 台（套）、风动式喷雾机 10 台，基本在施肥和植保过程中都用到农用机械；香蕉种植方面，中山市三角镇、阜沙镇有手动覆膜机 2 台；皇帝柑、沃柑种植方面，中山市民众镇有电动喷药机 5 台、水肥一体化机 1 台。从数据来看，广东省在施肥、中耕和植保环节机械化水平较高，林间种植类作物生产综合机械化水平偏低。

近年来，广东省各级农机化主管部门将推进果园生产机械化发展作为农业机械化新的增长点和转型升级的重要内容，主要采取了四大措施。一是继续加大项目扶持力度，把握好政策导向。充分利用"现代产业园"和"一乡一品一镇一业"的政策导向作用，推进果园生产机械化建设。2018—2019年，在全省农业产业园项目中共投入9.5亿元，扶持19个与水果类相关的农业产业园。在2018年启动的"一村一品、一镇一业"特色产业发展行动中，整合中央及省级财政资金约6亿元，计划扶持30个县、90个镇、360个村发展特色产业。其中扶持特色水果产业县20个，15个县主要扶持荔枝、柑橘、菠萝产业高质量发展。二是继续加大适用机具引进、研发，解决好"机"的问题。2016年，广东省安排丘陵山区机具引进项目300万元；2017年，广东省设置了农业装备产能提升与示范推广专项，安排省级财政资金3400万元，将丘陵山区机械设备研发作为重中之重。三是充分发挥补贴政策带动作用。将耕整机、旋耕机、施肥机、田园管理机、动力喷雾机、喷杆喷雾机、风送喷雾机、果蔬烘干机、水果分级机、水果清洗机、水果打蜡机、潜水电泵、喷灌机、微灌设备、拖拉机、简易保鲜储藏设备、植保无人机、山地果园运输机等列入补贴范围，加快适用果园机械进入补贴环节的进程，对果园用农业机械敞开补贴。四是强化宣传推广。2018年，广东省通过果园生产机械化示范项目投入了400万元省级财政资金，扶持建设了8个示范基地。建立示范基地，召开现场演示会、展示会，举办培训班，切实促进农机农艺融合，宣传推广果园生产机械设备和果园生产机械化技术，有效提升果园生产机械化水平。

三、下一步机械化发展方向和工作措施

（一）茶叶生产机械化发展存在的主要问题和制约因素

1. **茶叶生产机械化水平不高，机具适应性不强**　性能单一、适应性不强是目前茶叶机械化的主要问题；农艺与农机未能有机融合同样也制约着茶叶生产机械化发展，规模化程度低的茶企、茶农对于茶叶宜机化种植没有提前规划的概念，茶园普遍存在行距偏小、机具难以进入、无法进行机械化管理的问题，制约了机械化技术在茶叶生产中的广泛推广使用。

2. **农业机械化发展资金不足**　农机工作由于没有专项扶持资金，缺乏有效的抓手，推广工作以指导、宣传及培训的形式为主，效果有限，带动作用不佳。且仅能依靠中央购机补贴，政策较为单一。

3. **农机化设施生产用地受限**　受限于养护维修场地，农机具易受到损耗，产生附加成本。加工销售是农机合作社的利润增值环节，是全程机械化的必备环节，同样受限于用地指标。这些都制约了农业机械化推广工作。

4. **茶叶生产规模化、标准化、集约化程度低**　广东省茶叶种植、生产、加工以农户经营为主，规模相对较小，分散不连片，管理粗放，采摘标准不一，单产较低，茶叶加工所需茶青不足；经营面积散，茶叶生产组织化程度不高，茶企往往"单打独斗"，集约化生产、规模化经营尚未形成，资源并未实现优化组合；加工企业弱，主要以小作坊加工为主。这些都是不利于机械化推进的因素。

（二）热带作物生产机械化发展存在的主要问题和制约因素

1. **田间栽培类**　种植甘蔗的耕地，因产出效益较低，都是一些自然条件较差的土地，从而制约了甘蔗生产机械化技术的推广应用和甘蔗规模化生产；受传统耕作方式的影响，相当部分的蔗农一时还难以接受机械化耕作方式。传统单行种植行距一般为80～90厘米，蔗农一时难以接受单行种植1.2米的行距；甘蔗生产机械化投入高、收益低，收回成本周期长，特别是购置甘蔗收获机械，一台少则几十万元，多则几百万元，甘蔗种植规模有限的农户无法承受。二是急需解决全程机械化过程中的系统性、关键性的农机合作社或蔗农与制糖企业之间的利益协调问题。机械收割造成的甘蔗含杂率高问题，也是制糖企业和农机合作社或蔗农之间形成利益纠纷的一大原因。

2. **林间种植类**　一是自然条件限制。广东省丘陵山区占耕地面积的60%以上，果园以山地丘陵为主，道路崎岖，劳动强度大，生产效率低。果树栽种模式多种多样，机械进园难。二是果园机械的有效供给不足，适用于山地果园的专用机械种类较少，且适用性不高，不能满足果农的作业需求。三是农机农艺结合不够，先天不足，果园建设上缺乏对机械作业的考虑。四是对山地果园机械的补贴力度不足，农机购置补贴政策主要倾斜于主要农作物生产机械。五是果农自身条件限制。大多数果农本身经济条件有限，无法购买昂贵的果园机械，且果农的文化素质水平较低，操作较复杂的果园机械的能力不足。

（三）茶叶、热带作物机械化机具需求情况

通过调查发现，茶叶种植大户及合作社需求的装备主要以加工环节机具为主，例如萎凋机、压饼机、杀青机、揉捻机、打散机等。其他环节的机械机具，需求量比较大的主要是开沟施肥一体机、培土机、除草机、修剪机、采茶机、植保喷雾机。基本每个茶园都有或大或小的加工厂区，所以加工环节的农机具需求量大。

（四）下一步计划

针对丘陵山区果园人工成本高、生产管理难度大等棘手问题，广东省农业

机械化技术推广总站紧紧抓住丘陵山地果园生产的六大种植环节的短板和弱项，通过开展示范、推广工作，推动实现丘陵山区果园生产全程机械化发展。

　　附表 2-16-1　广东省茶叶机械化生产技术装备需求情况
　　附表 2-16-2　广东省热带作物机械化生产技术装备需求情况（林间种植类）

附表2－16－1 广东省茶叶机械化生产技术装备需求情况

适宜机械化 作业环节		现有机具数量 （台、套）	估算还需要机具 数量（台、套）	所需机具装备基本作业性能描述 （作业效率、技术规格等）
宜机化改造		3	9	平地机（作业效率2亩/小时以上）、地钻机
耕整地机械		365	160	微耕机
施肥机械		92	59	开沟施肥一体机（履带式）
田间 管理 机械	中耕机械	3 186	497	除草机（汽油四冲程发动机，作业效率5亩/天）、培土机、自走式除草碎草机（作业效率3亩/小时以上）
	修剪机械	1 383	2 871	单人修剪机、修剪机（作业效率0.2亩/小时以上）、双人修剪机（修剪宽度1.5～1.6米，作业效率3亩/小时以上）、修边机（作业效率3亩/小时以上）、平剪机
	植保机械	3 149	252	机动喷雾机、生物防虫灯
	合计	7 718	3 620	
采收机械		2 187	2 985	单人采茶机（作业效率0.2亩/小时以上）、小型采茶机（作业效率0.2亩/小时以上）
排灌机械		680	187	水肥一体化设备（作业效率100亩/小时以上）、水肥系统
运输机械		22	70	轨道运输机
茶叶加工机械		4 749	4 224	茶叶揉捻机、杀青机、竹箕不锈钢（凉青用）、曲毫机、自动色选机、烘干机、综合做青机、提香机、萎凋槽、全自动茶叶拣梗机、筛选机、自动包装机、红茶发酵机、茶叶萎凋机（带烘干机）、摇青机、全自动大型理条机、乌龙茶速包
合计		15 816	11 314	

附表 2－16－2　广东省热带作物机械化生产技术装备需求情况（林间种植类）

适宜机械化作业环节		现有机具数量（台、套）	估算还需要机具数量（台、套）	所需机具装备基本作业性能描述（作业效率、技术规格等）
耕整地机械		82	3	开沟机、微型耙地机
施肥机械		4	2	多功能施肥器
田间管理机械	中耕机械	8	3	除草机
	修剪机械	55	2	电动剪枝机
	植保机械	179	1	电动打药机
	合计	242	6	
排灌机械		18	—	
运输机械		24	3	田园搬运机、农用运输车
合计		370	14	

广西壮族自治区茶叶、中药材、热带作物生产机械化技术装备需求调查与分析

一、产业发展现状

（一）茶叶发展情况

2019 年广西茶园面积达 115.6 万亩，年产干毛茶量 8.83 万吨，产值 58 亿元；干茶以绿茶为主，也有红茶、黑茶（如六堡茶）、白茶和花茶（桑叶茶、荷叶茶、金花茶）等。

（二）中药材发展情况

广西中药材种植品种较多，主要栽培种类有凉粉草、五指毛桃、两面针、肉桂、八角、药用山药、泽泻、穿心莲、鸡骨草、天冬、罗汉果、金银花、"三木"（杜仲、黄檗、厚朴）、菊花等。2019 年全区种植面积达 680 万亩，其中林木药材（八角、玉桂、杜仲、厚朴、黄檗）478 万亩（仅计算种植面积 1 000 亩以上品种），其他药材约为 200 万亩（林下药材 110 万亩，农林品种有交叉），中药材产量 78.4 万吨，种植产值 110.5 亿元。

（三）热带农作物发展情况

2019 年广西水果种植面积达 1 895.42 万亩，产量达 1 790.27 万吨，产值 546.32 亿元人民币。（其中柑橘 752.12 万亩，产量 836.49 万吨；香蕉 124.01 万亩，产量 323.19 万吨；荔枝龙眼 391.15 万亩，产量 113.56 万吨；杧果 150.81 万亩，产量 63.57 万吨；柿子 46.99 万亩，产量 99.85 万吨；火龙果 32.19 万亩，产量 23.77 万吨），是全国五大水果千万吨产区之一。

二、机械化发展现状

（一）茶叶

茶叶加工环节基本实现机械化，摊青、杀青、揉捻、解块、炒干、风选、包装等环节已实现机械化作业；茶叶的种植、植保、采摘这几个环节还处在原始手工、半机械化水平。广西茶叶种植基本都在丘陵山区进行，机械化生产条

件差、土地宜机化改造难度大，而且茶叶采收环节的采收标准难以统一、机械无法进行精细化采收，因此茶叶种植、植保、采收机具普及率相对较低。

茶园宜机化改造水平较低，施肥、中耕、植保、采收用机具不多，加工环节机具数量较多，基本可以进行机械化生产。全区拥有茶叶生产施肥、中耕、植保、加工环节各类机械 24 751 台（套），还需施肥、中耕、植保、采收、加工各类机械 74 702 台（套）。

（二）中药材

中药材属于小众产业，品种多、总体规模偏小、品种间差异大、用药部位各不相同，每种中药材的种植模式、加工方式与加工工艺，所用的原料、敷料和设备也不相同，且机械化设备通用性差，适宜中药材生产机械品种较少，中药材生产机械化水平较低。

中药材生产的育苗、种植（播种、移栽）、收获、田间机械化机具很少。全区拥有各类田间栽培类中药材（含兼用）生产机械 178 台（套），需求各类生产机械 5 062 台（套）；拥有林间栽培类中药材生产机械（含兼用）8 679 台（套），需求各类生产机械 31 558 台（套）。

（三）热带作物

广西属于丘陵山区，地块小而分散，地面高差大，机械化作业的先天条件欠缺，机械化推进难度相对较大。热带农作物品种多，种植面积较大的有柑橘、杧果、火龙果、脐橙、龙眼、荔枝、香蕉、葡萄、百香果、沙田柚等；种植条件差，大多数分布在丘陵山区；生产环节主要依靠人工；农机化新技术、新机具应用不多，机械化水平低，机械化水平普遍低于全国平均水平 30 个百分点以上。

水果类生产方面，目前水肥一体化设备、打药、除草等植保环节机具应用比较普遍。

轨道运输机械为近年来在水果生产领域大力推广应用的机械，目前，全区已推广应用轨道运输机械 7 281 台，补贴轨道运输机长度约 1 400 多千米。

近年来，广西先后在百色市田阳县、柳州市融安县等县（市、区）组织实施了 39 个热带农作物生产机械化创新示范基地建设项目，累计投入 10 447.25 万元（其中自治区财政资金 3 735 万元，地方投入 6 712.25 万元），开展土地宜机化改造面积 5 415 亩，提升改造示范基地内的机耕道路 1.18 万米；改善机械化生产条件。经过几年的连续推进，广西已经建成突出优势特色、突出核心区、突出机械化、突出农机农艺融合、突出可复制可推广的"五突出"热带特色农作物生产机械化示范基地 39 个，涉及柑橘、杧果、沙田柚、火龙果等

20 多个品种的农产品，有效地助推了平乐柿饼、永福罗汉果等特色产业的发展。

全区拥有热带水果生产各类机械 90 093 台（套），需求小型的除草、开沟、施肥一体化机械、套袋机、枝条粉碎机械、果树修剪、采收平台、转运机械、清选打蜡包装设备、冷库、远程监测系统等各类机械 106 064 台（套）。

（四）农业机械生产企业

区内农机企业普遍规模小、装备落后，产品技术水平不高。目前，广西正常生产的农机生产企业共有 61 家。其中，有 29 家属于规模较小、生产销售量少的企业；另外 32 家企业，2015—2017 年共计生产销售各类农业机械 44.24 万台（套），实现销售收入 13.2 亿元。此 32 家企业资产总额合计 24.2 亿元，其中资产总额超过亿元的仅有 6 家企业，占全区农机企业的 9.8%；资产总额在 3 000 万以下的企业 44 家，占比为 72.1%。这些企业主要以生产耕整地、种植施肥、田间管理、收获、收获后处理、农用搬运、畜牧、动力及其他机械等 9 个领域的产品为主，均为小型农业机械，技术含量较低。

三、存在问题和工作措施

（一）存在的主要问题

1. **机械化生产条件差** 用于改造丘陵山区农业生产条件的项目、资金相对较少，自治区对于发展农业机械化的支持政策不持续稳定、投入不足。热带农作物生产地多以丘陵山地为主，农作物品种多样，分布区域广泛，生产区域多在山坡地上，道路状况和地块条件差，机械设备无法进入，难以开展机械作业。

2. **农机农艺融合难** 热带农作物生产标准化建设还相对滞后，作物种植的行距、株距与现有的农机要求不匹配，业主为追求高产，往往进行高密度种植，不能满足机械化作业的需要。

3. **适宜可用机械少** 适用于丘陵山地的小型实用机械设备或辅助设备不多。一些急需的机械设备未进入补贴范围或补贴金额较少，购买机械的成本高。加上经营主体缺乏购置先进机械化设备的经济实力，导致可用、适用机械很少。

4. **采收环节难以开展机械化** 目前茶叶、中药材和水果等热带作物的种植品种多、种植规模小、种植模式没有标准化，基本上还使用人工采收。采收机械无法精确识别作物需要采收的部分，无法做到精确采摘。例如，一般的采摘机械只能按照固定的高度对茶树顶端进行采摘，这就导致机械采摘的茶叶质量差，只能加工成廉价的茶叶，茶农因此在采摘环节上不愿使用机械，宁愿人工采摘。

（二）工作措施

1. **争取多方面资金支持**　一是利用好农机购置补贴政策。加强需求调研，进一步深化改革，拓展国家农机购置补贴范围，突出绿色导向和需求导向，对特色产业急需的农机新产品予以重点支持；继续加大政策支持力度，统筹财政资金，强化对支持模块化的多用途机械、粉垄深耕深松机等智能化、高性能的复式农机新装备以及丘陵山区紧缺的先进适用新机具的示范推广，全力推广能减轻劳动强度的山区用农业机械，规范和促进植保无人机推广应用。二是争取项目资金支持。组织开展示范项目建设，引导社会资本积极参与，推动特色农作物生产全程机械化技术推广。支持新型农机经营主体建立示范基地，实现全程机械化生产经营，通过示范引领、典型带动，做给农民看、带着农民干，努力破解广西丘陵山区特色农作物机械化发展难题。

2. **推进土地宜机化改造，改善机械作业条件**　学习借鉴重庆市等地的成功经验，统筹中央和地方高标准农田建设、农田整治等相关资金及社会资本，加快制定推进措施和技术标准，开展丘陵山区农田宜机化改造，推动地块小并大、短并长、陡变平、弯变直、瘦变肥和互联互通，着实改善农机作业基础条件，解决农机"下田难""作业难"问题。

3. **加强丘陵山区农机化技术及机具装备的研发推广**　开展丘陵山区农机化技术及装备需求目录调查和发布，积极推进高校、科研院所、具有较强研发生产能力的大型农机制造企业等入桂，立足于破解丘陵山区农机化发展难题开展联合攻关研究，落实联合攻关课题，在广西建立工作站，借助外力、集中力量加快研发和推广适合于广西地理环境、气候条件、农艺特点的优势特色农业机械设备。

4. **大力培育社会化服务主体**　落实农机保险、信贷担保、融资租赁、财政补贴等相关措施，协调解决农业设施建设用地问题，培育壮大新型农机经营主体。通过农机化项目的实施、培育、扶持构建集约化、专业化、组织化、社会化相结合的新型农机经营主体，积极创新服务模式、优化服务机制、补齐服务短板、增强服务能力，服务链条向耕种管收、产地烘干、产后加工等"一条龙"农机作业服务延伸，向农资统购、技术示范、咨询培训、产品销售对接等"一站式"综合农事服务拓展。

5. **加强典型示范引导，实施项目带动**　2020年投入自治区财政资金实施脆蜜金柑、油茶、莲藕、桑蚕、凤梨、青柚、柑橘等优势特色农产品生产全程机械化创新示范基地建设项目，为丘陵山区优势特色农产品生产提供全程机械化解决方案，并提供可复制、可推广的示范样板；加强项目的宣传，做好项目实施的技术、效果、经验做法等方面的影像资料的收集整理，形成一定水准的宣传材料，为农作物生产机械化技术的推广应用提供示范样板，推动全区优势特色农作物生产机械化技术的推广。

（三）合理化建议

1. 大力扶持区内农机重点企业 进一步贯彻落实《广西壮族自治区人民政府关于贯彻落实<中国制造 2025>的实施意见》（桂政发〔2016〕12 号），争取由自治区工信委设立企业技改专项，扶持广西柳工农机、玉柴集团、容县五丰、合浦惠来宝等区内重点农机企业转型升级，提高农机板块核心竞争力。

2. 加强先进适用的农业机械研发 在巩固建设已有成果的基础上，采取有力措施继续加快引进高等院校、研究院所等科研院所，在广西建立工作站；引进具有较强研发生产能力的大型农机制造企业入桂生产和组装，并建立机具示范推广基地；挖掘五丰、惠来宝等广西农机制造龙头企业的潜力，共同研发推广适合广西乃至东盟国家的地理环境、气温气候的特色农业机械设备。

3. 努力解决丘陵山区优特作物机械化发展问题 一是品种选择。选择适宜本地区且农艺性状基本满足机械化作业需求的优良品种，集成和融合品种、栽培和机械化技术，合理确定行距、株距，确保符合机械作业要求。在巩固和发挥已经建成的机械化示范基地作用的同时，通过资源倾斜、项目整合、政策扶持等方式支持再建设一大批优势特色农作物生产全程机械化创新示范基地，突出核心区、宜机化、机械化、农机农艺融合导向，鼓励"农业＋农机＋科研院所＋企业＋合作社＋行业协会"多方合作共建，推动重要环节、重点部位、关键装备、关键技术上实现重大突破。二是完善机械化生产模式。根据广西优势特色农作物生产实际需要，进一步完善优化农机农艺融合的生产机械化模式，重点突破采摘、收获等薄弱环节，集成熟化机械化技术路线、机具配套方案、推广应用措施等，总结形成可学习、可复制、可推广的优势特色农作物生产机械化模式。三是加强示范推广支持力度。加大农机新产品补贴试点力度，支持模块化多用途机械、粉垄深耕深松机等智能化、高性能和特色、复式农机新装备以及丘陵山区紧缺的急需先进适用新机具的示范推广，规范和促进植保无人机的推广应用。扩大机械化生产服务补贴范围，实施深耕深松及甘蔗机械化作业补贴。鼓励银行等金融机构针对紧缺急需、权属清晰的大型农机装备开展抵押贷款和融资租赁业务，扩大农机装备贷款贴息范围。

4. 完善农业基础设施建设 支持和指导丘陵山区田地"宜机化"改造，协同构建高效机械化、规模化生产体系。根据田间道路、田块长度宽度与平整度等"宜机化"要求，对列入全国丘陵地区的 49 个县（市、区）和列入全国山区地区的28个县（市、区）分批开展丘陵山区农田宜机化改造建设试点，持续改善农机作业基础条件，提高农机作业便利程度，扩展大中型农机运用空间，加快补齐丘陵山区农业机械化基础条件薄弱的短板。

　　附表2-17-1　广西壮族自治区茶叶机械化生产技术装备需求情况

　　附表2-17-2　广西壮族自治区中药材机械化生产技术装备需求情况（林间种植类）

　　附表2-17-3　广西壮族自治区中药材机械化生产技术装备需求情况（田间栽培类）

　　附表2-17-4　广西壮族自治区热带作物机械化生产技术装备需求情况（林间种植类）

附表 2 – 17 – 1　广西壮族自治区茶叶机械化生产技术装备需求情况

适宜机械化作业环节		现有机具数量（台、套）	估算还需要机具数量（台、套）	所需机具装备基本作业性能描述（作业效率、技术规格等）
宜机化改造		326	5 326	平地机
施肥机械		1 324	3 269	开沟施肥机
田间管理机械	中耕机械	3 963	9 253	除草机、培土机
	修剪机械	8 256	12 540	单人修剪机
	植保机械	1 566	6 230	机动喷雾机
	合计	13 785	28 023	
采收机械		1 269	15 623	单人采茶机
排灌机械		6 218	12 003	水肥一体化设备
茶叶加工机械		1 829	10 458	杀青机、揉捻机
合计		24 751	74 702	

附表 2-17-2 广西壮族自治区中药材机械化生产技术装备需求情况（林间种植类）

适宜机械化作业环节		现有机具数量（台、套）	估算还需要机具数量（台、套）	所需机具装备基本作业性能描述（作业效率、技术规格等）
施肥机械		160	1 267	开沟施肥机
田间管理机械	中耕机械	677	5 492	培土机、除草机
	修剪机械	4 910	12 205	割灌机、电动剪枝机
	植保机械	2 358	3 366	风送式喷雾机
	合计	7 945	21 063	
收获机械		363	1 921	采摘机、采摘升降平台
排灌机械		32	936	水肥一体化设备
运输机械		179	6 371	田园搬运机、轨道运输机
合计		8 679	31 558	

附表 2 - 17 - 3 广西壮族自治区中药材机械化生产 技术装备需求情况（田间栽培类）

适宜机械化 作业环节		现有机具数量 （台、套）	估算还需要机具 数量（台、套）	所需机具装备基本作业性能描述 （作业效率、技术规格等）
种植 施肥 机械	育苗机械	12	1 230	精量穴播流水线
	播种机械	1	253	精密播种机
	栽植机械	122	2 569	移栽机
	合计	135	4 052	
收获机械		7	368	收割机
运输机械		36	642	收获装载平台
合计		178	5 062	

附表 2 - 17 - 4　广西壮族自治区热带作物机械化生产技术装备需求情况（林间种植类）

适宜机械化作业环节		现有机具数量（台、套）	估算还需要机具数量（台、套）	所需机具装备基本作业性能描述（作业效率、技术规格等）
施肥机械		967	6 327	开沟施肥机
田间管理机械	中耕机械	35 719	45 874	培土机、除草机
	修剪机械	11 922	14 938	电动剪枝机、割灌机
	植保机械	36 222	15 620	风送式喷雾机
	合计	83 863	76 432	
收获机械		28	1 990	采摘升降平台、采摘机
排灌机械		1 689	11 953	水肥一体化设备
运输机械		3 546	9 362	田园搬运机、轨道运输车
合计		90 093	106 064	

海南省热带作物生产机械化技术装备
需求调查与分析

一、热带作物产业发展现状

海南地处我国南海地区，属热带海洋季风气候，光温充足，热带作物资源十分丰富，是发展热带特色高效农业的黄金宝地，全省土地总面积 353.54 万公顷，占全国热带和亚热带土地面积的 42.5%。海南是全国人民的"菜篮子""果盘子"，全国最大的热带作物生产基地。

2018 年海南省热带水果种植面积达 256 万亩，总产量 322.11 万吨。热带水果产业区主要分布在昌江、乐东、东方、三亚、海口、琼海、文昌、万宁、陵水、澄迈等地，主要水果品种包括杧果、香蕉、荔枝、菠萝、龙眼、波罗蜜、蜜柚、莲雾、黄皮、柠檬、火龙果、红毛丹、橙类等。其中杧果种植面积 85 万亩，产量 68.3 万吨；香蕉种植面积 52 万亩，产量 121.6 万吨；荔枝种植面积 30.6 万亩，产量 18.9 万吨；菠萝种植面积 25 万亩，产量 44 万吨。

2018 年海南省热带作物种植面积 1 048.68 万亩，主要热带作物品种为橡胶、槟榔、椰子、胡椒、咖啡等。其中橡胶种植面积 792.5 万亩，总产量 35 万吨。椰子种植面积 51.59 万亩，年收获椰子 2.27 亿个。胡椒种植面积 33.48 万亩，年产胡椒 4.34 万吨。

全省农业从业人员 219.26 万人。海南热带作物的经济效益高低不均，天然橡胶多年来一直处于效益低下的状态，弃割率较高，部分胶林被砍伐，改种其他经济作物。胡椒种植的经济效益也是不愠不火、利润一般。但椰子这几年的经济效益却一直很好。2018 年槟榔的平均价格达到 15 元一斤，是历史最好时期，但槟榔近年来因病害造成减产较重。椰子因需求变大，批发零售价格也在不断上升。可以说槟榔和椰子是海南省乡镇居民最重要的收入来源之一。其他热带经济作物受到新冠肺炎疫情的影响，经济效益较差。

二、热带作物生产机械化发展现状

(一) 橡胶生产机械化发展现状 (林间种植类)

橡胶树高大，根系发达，一旦种植完成后，基本上不需要过多的管理，很少进行灌溉、除草、修剪、打药、施肥等常规化工作，需要的生产管理机具较少。橡胶生产最辛苦的劳动主要是割胶，多年来一直人工使用传统刀具在夜间割胶，劳动成本高，收获效率低。2016 年，中国热带农业科学院"天然橡胶机械与自动化装备"攻关领导小组和科技团队开始研制橡胶割刀，经过多次的改进完善，在 2019 年研制出第二代便携式电动胶刀，其性能、质量和使用效果大幅改善和提升，割胶效率提升至 20％～30％。现在，熟练的胶工每小时可割胶 180～220 株。目前 4GXJ 便携式电动胶刀已在世界上 13 个橡胶生产国推广应用，海南省也在推广应用，但因为近几年来橡胶价格一直萎靡不振、经济效益低，再加上新出的产品价格高，农民购买的积极性不高。橡胶园内的转运，因每次采集量不大，采集分散，重量也轻，在海南省主要以电动车、摩托车、运输型拖拉机等一些小型机械进行。橡胶生产的机械化水平主要体现在干胶初加工上，具有相当规模的成套加工设备，包括绉片机、撕粒机、洗涤机、碎胶机、烘干成型设备、橡胶打包机等，已形成工厂化生产。橡胶生产机械化的薄弱环节主要在割胶上。

（二）槟榔生产机械化发展现状（林间种植类）

槟榔是海南省种植面积第二大的热带经济作物，多年来经济效益一直都较好。在机械化生产管理、施肥方面，主要采用人工根部施肥，部分采用水肥一体化灌溉技术。槟榔喜水，槟榔园普遍以微喷带、水管浇水或开沟灌水，且都配有抽水灌溉设备。槟榔树比较高大，日常管理中基本不需要修剪，杂草较多时，会采用背负式割草机或手扶式割草机进行割草作业。植保方面，因槟榔树高大，种植面积也大，近年来流行以植保无人机打药，少数农户采用动力喷雾机配套长杆及喷头打药。收获方面，基本以人工为主，利用较长的、尾部安装镰刀的伸缩铝制长杆或竹竿，先把槟榔割下来再用手工脱粒。园内转运主要靠运输型拖拉机、小货车或带拖斗的三轮车或四轮车（电动或发动机作动力）等进行。槟榔果采摘后要及时进行烘干，目前海南省用于烘干槟榔的果蔬烘干机非常多；而且主要以热泵烘干机和以生物质颗粒、天然气作燃料的烘干机为主，基本满足了全省槟榔果烘干作业的需要。槟榔生产机械化的薄弱环节在于育苗、种植和采摘、脱粒及果品分级上。

（三）椰子生产机械化发展现状（林间种植类）

椰子因经济效益逐渐向好，种植面积不断增大。椰子种植使用机械较少，因传统品种的椰子树较高，种完后很少进行灌溉、施肥、除草管理，也不需要修剪。近年来引进的矮化品种，规模化种植后大多数都安装了灌溉的管带，保证满足用水需求。种植完成后只需进行简单的生产管理，使用机械不多，生产管理成本相对较低。劳动强度最大的环节是采摘，只能通过人工进行，采摘方式和槟榔相似。采摘完毕后，园内转运方式与槟榔一样，然后再通过运输型拖拉机或中小型货车运到销售点。椰子生产机械化的薄弱环节主要在采摘和剥皮上。

（四）胡椒生产机械化发展现状（田间种植类）

胡椒的生产管理工序比较多，包括开沟起垄、育苗、移栽、中耕培土、施肥、修剪、除草、植保、采摘、加工等工序。育苗、移栽、施肥、采摘等环节仍然靠人工进行，而其他环节基本使用简易机械进行作业，通常使用的机具为背负式电动喷药机、动力喷雾机、植保无人机、中耕培土机械、背负式割草机、手扶式割草机、修剪机（包括大剪刀）。胡椒怕水多，地块低矮或雨水多的地区不用安装喷灌设施。采摘主要以人工为主，只能连籽带枝一起采摘，劳动强度大。园内转运主要靠运输型拖拉机、小货车等进行。

胡椒的加工技术目前已研制成功并在海南省投入使用，有单独的也有成套的加工设备。使用传统方式加工胡椒，需要 10 天以上才能完成整个生产过程，但使用胡椒初加工成套设备，能实现脱枝、快速熟化、脱皮脱胶、紊流烘干、定色、干燥、水分调节、风选除杂、色选分级等生产环节一次性完成，整个过程只需要 5～6 小时，实现了胡椒加工从低效率、低品质、低价格、重污染向高效率、高品质、高价格、无污染的关键变革。胡椒生产机械化的薄弱环节主要在育苗、移栽、采摘上。

（五）菠萝生产机械化发展现状（田间种植类）

菠萝（凤梨）在海南省种植面积 25 万亩，产量 44 万吨。菠萝的育苗、种植、收获环节基本上以人工为主，主要原因是株行距都较密，长大后田间通道比较狭小，给机械化作业造成很大的不便。这几个环节的劳动强度大、劳动成本高，田间转运也相对困难，主要以人工挑、手推车拉或小型货车运送为主。近年来，广东研制出了适用于菠萝的半自动采摘运输机械，但因海南的菠萝种植农艺不规范、品种繁多等因素影响，机具适应性较差。目前菠萝生产的机械化作业主要体现于开沟起垄、秸秆粉碎还田、机械植保方面，使用的机具包括铧式犁、圆盘耙、圆盘犁、秸秆粉碎还田机、开沟起垄机、电动喷雾器，机动喷雾器、植保无人机等，综合机械化水平较低。

三、下一步机械化发展方向和工作措施

（一）热带作物生产机械化存在的主要问题和制约因素

1. **种植面积问题**　热带作物种植面积相对较小（橡胶除外），规模也小，

国内研发企业少，适用于热带作物种植、施肥、采收的专业机械少，机具适应性和可靠性差，存在无机可用或无好机用的问题。即使有适用机具也因开发成本高、价格高等，种植业主难以接受。

2. **基础不足问题**　海南省丘陵山区面积大，土地流转不充分，分散经营比较普遍，农田水利基础设施薄弱、地块不平整，农机具通过性差，实施机械化作业比较困难。

3. **农机农艺不融合问题**　受传统种植方式影响，一些热带作物因种植农艺模式不规范、种植品种繁多、地块条件较差等原因，机具适应性差，作业效果不理想。

4. **推广困难问题**　海南省多年来缺少农机示范推广经费，农机推广体系不健全，市县农机部门因机构改革等原因，丧失农机推广机构职能，无人才、无技术、无岗位，推广工作严重搁浅。

（二）热带作物生产机械化技术和机具需求情况

海南省热带作物生产机械化技术和机具需求情况主要为：

1. **水肥一体化灌溉技术**　随着水资源不断减少和降雨量的减少，海南省的大多数热带经济作物种植地都要安装水肥一体化灌溉设备，来满足水、肥灌溉的需求。水肥一体化技术设备包括灌溉首部、主管、支管和喷头等，该项技术在海南比较成熟，应用非常广泛。另外，海南省还大力推广了太阳能光电控水技术，效果也非常理想。

2. **植保机械化技术**　海南省的热带作物病虫害比较严重，对植保机械的需求特别大，广泛使用的植保机械包括电动喷雾机、机动喷雾机、自走式喷杆喷雾机和植保无人机等。近年来海南省加强了植保无人机的培训和宣传，应用逐渐广泛，目前省内保有量已超过 300 台。

3. **园内转运机械化技术**　园内转运主要靠运输型拖拉机、小货车或带拖斗的三轮车、四轮车（电动或发动机作动力）等进行运输。园区轨道运输车应用较少，省内只安装了几台。

4. **除草机械化技术**　海南省属于高温高湿天气，利于杂草生长，割草机使用频繁。海南省应用最多的为背负式割草机、手扶式割草机（小园种植区）、悬挂式割草机、四轮乘坐式割草机（大园种植区）等，机具需求量非常大。

5. **施肥机械化技术**　海南省的施肥机械较少，最常用的施肥方式为水肥一体化灌溉施肥、开沟施肥、挖坑施肥、电动施肥机施肥，但种植和播种施肥机具很少。主要原因是种植作物品种多样，农艺模式不同，导致施肥机的适用性差。

6. **烘干机械化技术**　需要烘干的热带作物包括槟榔、胡椒、腰果、咖啡、龙眼等。海南用于烘干的机械设备比较多，主要以果蔬烘干机或烘干炉为主。使用的燃料包括柴油、天然气、生物质颗粒和热泵等。烘干技术成熟，烘干设备多，能满足生产上的需要。

热带作物的育苗、种植和采收机械化技术一直以来都是短板，基本靠人工操作进行。特别是热带作物的采收机械化是机械化生产最薄弱的环节，劳动强度大、劳动成本高。橡胶的机械化、自动化割胶技术，槟榔的采摘和脱粒技术、选果机械化技术，椰子的采摘和剥皮机械化技术，菠萝的采摘机械化技术、胡椒的采摘及脱枝脱皮机械化技术以及许多热带水果的采摘机械化技术等，均是今后热带作物生产机械化发展的方向，市场潜力很大。

（三）工作措施

1. **加快推进热带作物生产机械化**　全面贯彻落实《农业部关于开展主要农作物生产全程机械化推进行动的意见》，聚焦海南省主要农作物薄弱环节，加大资金扶持和试验示范推广力度，加强主要农作物生产机械化工艺路线、技术模式、机具配套、操作规程和服务方式示范研究，突破技术瓶颈，着力提升热带作物的机械化种植及采收水平。

2. **加强农业机械化技术推广力度**　加大推广资金和政策扶持力度，创新推广机制，提高推广能力，加快土地流转和土地宜机化整治，解决农机农艺融合的突出问题。通过项目带动及加强与农业生产经营组织合作等方式，加快推广应用热带作物生产重点环节和关键的农业机械化技术，促进先进适用、技术成熟、安全可靠、节能环保、智能高效的农机装备的广泛应用。

3. **加强合作和技术攻关**　充分利用高等院校、科研机构、生产企业、农机协会等行业及部门的技术力量，加强热带作物机械化技术攻关，研制适合海南省热带作物生产管理需要的农机产品。

附表2-18-1　海南省热带作物机械化生产技术装备需求情况（林间种植类）

附表2-18-2　海南省热带作物机械化生产技术装备需求情况（田间栽培类）

附表 2-18-1 海南省热带作物机械化生产技术装备需求情况（林间种植类）

适宜机械化作业环节		现有机具数量（台、套）	估算还需要机具数量（台、套）	所需机具装备基本作业性能描述（作业效率、技术规格等）
施肥机械		2 900	3 600	开沟施肥一体机（作业效率 1.5 亩/小时以上，配套动力 4 千瓦）
田间管理机械	中耕机械	12 000	6 500	割草机（乘坐式或悬挂式，回转式割刀，作业效率 2.5 亩/小时以上）
	植保机械	12 220	—	
	合计	24 220	6 500	
收获机械		148 000	130 000	电动割胶刀（作业效率 2 亩/小时以上）、槟榔采摘设备（配置长杆和切割器，作业效率 1 亩/小时以上）、椰子采摘设备（配置长杆和切割器，作业效率 1 亩/小时以上）
排灌机械		84 000	21 000	水肥一体化设备（作业效率 30~50 亩/小时，配套动力 15~20 千瓦）
运输机械		30 000	6 000	轨道运输车（作业效率 2 亩/小时以上）、田间转运车（自走式，作业效率 1.5 亩/小时以上）
合计		289 120	167 100	

附表 2－18－2 海南省热带作物机械化生产技术装备 需求情况（田间栽培类）

适宜机械化作业环节		现有机具数量（台、套）	估算还需要机具数量（台、套）	所需机具装备基本作业性能描述（作业效率、技术规格等）
其中	育苗机械	—	2 500	育苗机（作业效率 3 亩/小时以上）、育苗设备
	栽植机械	—	2 200	移栽机械（自走式，作业效率 2 亩/小时以上）
	合计	—	4 700	
收获机械		—	3 300	收获机械（自走式，作业效率 3 亩/小时以上）
运输机械		6 300	1 800	田间转运机（自走式，作业效率 3 亩/小时以上）
合计		6 300	9 800	

重庆市茶叶生产机械化技术装备
需求调查与分析

一、产业发展现状

重庆市涉茶区县多达 37 个，总种植面积达 85.8 万亩，但是每个区县茶叶种植面积较小，种植面积超过 10 万亩的区县仅有 2 个，每个乡镇种植面积超过 2 万亩的几乎没有。由于每个农户的种植规模较小，因此，机械化水平较低。

本次调查的内容主要包括施肥、中耕、修剪、植保、采茶、加工等环节的机具使用情况。调查覆盖了总种植面积 35.7 万亩的茶园；机械化作业面积 48.3 万亩，其中施肥 3.463 万亩、中耕 7.75 万亩、修剪 16.96 万亩、植保 14.9 万亩、采收 5.25 万亩。调查机具总量 4 784 台（套）。从调查的结果来看，重庆市的茶叶机械化生产水平偏低。机械化生产水平最高的环节是修剪（机械化率为 47.5%），植保次之（机械化率为 41.7%），宜机化改造环节机械化水平最低（机械化率为 2.72%）。目前采茶环节普遍以人工作业为主，春茶采摘更是完全依靠人工来完成。在茶叶加工方面，重庆市主要是以初级加工为主。

二、影响茶叶机械化生产的因素

（一）茶园地块细碎化严重且坡度较大

重庆市属于典型的南方丘陵山区，单块耕地面积在 1 亩以下的占总耕地面积的 80% 以上，人均耕地 1.12 亩，户均耕地不足 5 亩，耕地分散在 3 处以上的农户占比高达 60%，地块细碎化较全国大部分地方更为严重，而茶园更是建于零星的不便于耕作的陡坡地上。据了解，重庆市有 30% 左右的茶园建于 20 世纪 60 至 70 年代，主要建在坡度较大的山坡上，建园基础差、建园标准低，很难实现机械化。无机可用的现象较突出。

（二）茶叶种植适用的机具较少

目前重庆市茶叶种植的行距一般为 1~1.5 米，由于耕作条件限制，即使是新建的茶园，培土、除草、施肥环节也只能用微耕机和一些小型的机具进行作业，这些作业机具的作业效率较中大型农业机具低，作业质量差，进而导致茶农对茶叶机械化生产在认知上产生误解，觉得机械化作业是可有可无的。为了保障春茶的品质，农户倾向于选择人工作业，现在市面上少有春茶采收机具。

（三）农户对茶叶机械化生产的认知有失偏颇

在调查中，多数农户认为茶叶种植是劳动密集型产业，生产过程中机械化设备没有多大用武之地。一方面，不少农户的茶园面积较小，无须机械化作业；另一方面，规模较大的茶园，多采用代管模式，即把成片的茶园分给多个管理者进行管理，每个管理者经营的面积比较小，对机械化作业需求也不大。这样无形中就把成规模的茶园变回了小茶园。茶园规模偏小，难以形成规模化、标准化生产，使得茶叶种植农户在观念上觉得茶叶的机械化生产并不重要。

三、关于开展茶叶机械化生产的建议

（一）做好茶叶基地基础建设

目前重庆市茶园的基础建设情况是限制茶叶机械化生产的最大瓶颈。针对目前农村撂荒地严重的状况，农户在新建茶园时，可以考虑在较平缓的地区通过土地流转，集中连片种植茶叶，以此解决土地细碎化问题。建园初期应该考虑投产后需要使用什么机具，根据作业机具的尺寸确定茶叶的行距以及机具通道的宽度。

（二）加大茶叶种植机械的引进、研发力度

科研院所、农机制造企业，要向茶叶种植机械发达的浙江、福建等地区的企业交流学习，同时，要与茶叶种植农户保持联系，了解他们所需机具以及现有机具存在的问题，加快设备本土化进程。另外，在有条件的茶园应建立一批茶叶机械化试验示范基地，不定期地引进一些新型茶叶机械化生产机械，进行试验。

（三）积极引导农户转变生产观念

茶叶种植农户要拓宽思路、开阔眼界，前往湖南、福建、云南等茶叶种植大省考察学习茶叶种植机械化生产技术，了解茶叶机械化种植的前沿技术。具备条件实现机械化作业的，应尽量使用机械化作业，尽可能在较多的生产环节

进行机械化生产以提高工作效率、降低成本。农机推广机构要加强茶叶机械化生产技术试验示范,通过试验示范让农户看到机械化生产的优点。

附表 2-19-1　重庆市茶叶机械化生产技术装备需求情况

附表 2-19-1　重庆市茶叶机械化生产技术装备需求情况

适宜机械化作业环节		现有机具数量（台、套）	估算还需要机具数量（台、套）	所需机具装备基本作业性能描述（作业效率、技术规格等）
宜机化改造		35	15	平地机械（2 米≤幅宽＜3 米）
耕整地机械		—	115	微耕机（可用于开沟、松土、除草，汽油机，配套动力 2.2 千瓦）、耕地机械（1.5 米≤幅宽＜2.5 米）、深耕机
施肥机械		215	456	开沟施肥机、撒肥机（撒施颗粒肥料）、背负式动力施肥机、追肥机
田间管理机械	中耕机械	266	882	除草机、培土机
	修剪机械	913	1 464	单人修剪机、割灌机（电动背负式）、绿篱机、双人修剪机、修边机
	植保机械	909	685	机动喷雾机、动力喷雾机（电动式或手扶式）、遥控飞行喷雾机
	合计	2 088	3 031	
采收机械		592	1 169	单人采茶机、双人采茶机
排灌机械		71	64	水肥一体化设备（3 寸自吸泵，配套 178F 柴油电启动，配套动力 4.0 千瓦，喷枪数量 1 个）
茶叶加工机械		1 783	2 479	茶叶揉捻机、理条机、杀青机、烘干机、提香机、红茶发酵设备、筛选机、色选机、压扁机、定型机、单体式鲜叶摊放机、分级机、自动投料机、风选机、真空包装机、精揉机、匀堆机等
合计		4 784	7 329	

四川省茶叶和热带作物生产机械化技术装备
需求调查与分析

一、产业发展现状

（一）茶叶

四川是茶叶大省，是人工种茶的发源地和茶文化的发祥地。"十三五"以来，四川省整合资金约 30 亿元用于茶产业基地建设、主体培育、市场拓展、品牌打造、科技支撑等，推进茶业上新台阶，取得了面积、产量、产值分别居全国第四、第三和第三位，综合实力全国第二的显著成效。茶生产已成为四川省重要特色经济作物产业和盆周山区脱贫致富的重要抓手，2019 年，全省茶园面积达到 580.5 万亩，产量 32.54 万吨，毛茶产值 279 亿元，综合产值 790 亿元，茶园面积 20 万亩以上的大县发展到 18 个，14 个县跨入全国茶产业经济综合实力百强县行列，规模以上精制茶企实现营业收入 211.7 亿元，完成利润 15.1 亿元，分别同比增长 6.7%、10%。

川茶产品类型丰富、质量优异，六大茶类均有生产。四川省充分发挥产区比较优势，将 30 个茶叶优势县划分为川西南名优绿茶产业带、川东北优质富硒茶产业带、川南工夫红茶集中发展区和川中茉莉花茶集中发展区，推动产业集聚发展、生产集约发展、企业集群发展。应市场需求，四川省坚持以名优绿茶为主，突出茉莉花茶、工夫红茶、雅安藏茶"一主三辅"传统优势产品，开展大宗绿茶、红茶和高档黑茶、藏茶加工。名优茶年产量 18.9 万吨，产值 231.64 亿元；绿茶、茉莉花茶、红茶、黑茶年产量分别为 26.98 万吨、3.55 万吨、1.04 万吨、2.32 万吨。

（二）热带作物

四川热区以攀枝花、凉山、泸州、宜宾等金沙江、雅砻江、安宁河河谷分布为典型，此区域光热资源十分丰富，属于干热河谷气候，病虫害少，无台风灾害，是发展热带农业的重点地区之一，是全国晚熟杧果、晚熟龙眼和晚熟荔枝的重要生产基地。区内热作品种丰富，其中：杧果、荔枝、龙眼等都具有较大的发展空间。2019 年，荔枝实有面积 32.90 万亩，总产量 3.86 万吨，总产值 10.77 亿元；龙眼实有面积 33.12 万亩，总产量 7.20 万吨，总产值 5.96 亿元；杜果实有面积 74.07 万亩，总产量 33.44 万吨，总产值 23.73 亿。

二、机械化发展现状

（一）茶叶

四川省茶叶机械化生产尚处于起步发展阶段，在修剪、中耕施肥、采摘、植保、加工等方面刚开始采用机械化技术。受地形地貌、种植规模、装备供给等因素影响，四川省茶叶生产各环节机械化水平差异较大，植保和修剪机械化程度最高，夏秋茶机械化采摘水平较高，春季高端名茶的生产仍然以人工为主。由于缓坡、陡坡茶园对机器的轻便性和耕作大动力要求互相矛盾，目前缺乏适宜的机具实现茶园土壤深松、施肥和除草等。近年来四川省通过茶园宜机化改造和推进机械化标准茶园建设，改善和提升了茶园基础设施条件，实现路网、水网等五网互通。推广机械化采摘、修剪、耕作等机器换人技术，在高山和深丘茶区着力推广茶园改植换种、套种经济林木或种养结合发展模式，提高茶园产能和效益。全面推广茶园绿色防控、有机肥替代化肥等减肥减药技术，推行水肥一体、物联网等智慧茶园建设，建立健全茶叶标准化体系。全省机采茶园面积达 190 万亩，无性系良种茶园面积达 470.4 万亩，全程绿色防控面积达 130 万亩，加快推进茶叶加工企业生产工艺和设备改造升级，90％以上的大宗茶实现不落地加工，居全国先进水平。

四川省认真贯彻落实《国务院关于加快推进农业机械化和农机装备产业转型升级的指导意见》（国发〔2018〕42 号）等文件精神，提升农机装备产业创新能力，培育一批农机行业"单项冠军"和"小巨人"企业，四川省登尧机械设备有限公司、峨眉山市川江茶叶机械设备有限公司等茶叶优势农机装备企业发展势头强劲。同时，四川省将茶叶耕、种、管、收、加工等环节所需机具列入国家购机补贴范围，做到"应补尽补、敞开补贴"，极大地促进了茶叶生产机具的生产、销售和使用。

目前，四川省有茶园中耕机 293 台，培土机 13 台，田园管理机 770 台，开沟机 167 台，施肥机（含水肥一体化设备）318 台（套），茶叶修剪机 37 888 台，采茶机 13 825 台，茶叶加工机械 46 941 台，其中茶叶杀青机 3 266 台、茶叶揉捻机 5 159 台、茶叶炒（烘）干机 3 325 台、茶叶筛选机 600 台、茶叶色选机 199 台、茶叶理条机 33 647 台、茶叶输送机 745 台。

（二）热带作物

四川省林果业机械化水平整体较低，荔枝、龙眼和杜果等水果受种植规模及种植区域影响，机械化水平更低，种植施肥、田间管理、收获、产品初加工等环节机具缺口较大。热带作物生产过程中植保环节采用了植保无人机、喷雾机等机具，基本实现机械化，部分新建果园使用了水肥一体化、喷灌、滴灌等技术。2020 年四川省将果树修剪机、山地果园运输机等林果业机械化生产急需的机具纳入全国农机购置补贴，做到"应补尽补、敞开补贴"，进一步带动热带作物及林果业的机械化水平。

三、下一步机械化发展方向和工作措施

（一）茶叶生产机械化存在的主要问题

1. **产业集中度不高** 全省 580 多万亩茶园分布在 120 多个县，最大的雅安市名山区茶园仅 35 万亩。

2. **技术推广不足** 机械化采茶技术推广比较困难，进展缓慢，严重影响了效益。特别是春季名茶采摘期间，劳动力短缺日益突出，鲜叶不能得到及时采摘，产量、质量和效益都受到影响。

3. **机械化生产基础不佳** 茶园土壤板结，严重影响茶产量，且大多数传统大田耕作机械无法适用于茶园，缓坡、陡坡茶园对机器的轻便性和耕作大动力的要求互相矛盾，目前缺乏适宜的机具进行茶园土壤深松、施肥和除草。因四川省茶园在建设过程中大多未考虑机械的应用，机械化标准茶园建设进展缓慢。

（二）茶叶生产机械化发展的技术方向和工作措施

1. **因地制宜、逐步推进** 在缓坡和平坡茶园推进机械化标准茶园建设，茶园机械化由茶树管理机械化逐步向土肥管理、植保、灾害管理机械化等方面延伸，进一步提高机械采茶率，逐步实现手工采制名优茶与机械采制大宗茶相结合。

2. **创新驱动、协调发展** 农机农艺与制茶工艺相融合，农机尽量适应农艺，必要时农艺为农机进行改革，综合科学水平、技术难度、实现成本等要素，全面均衡协调发展。

3. **绿色生产、提质增效** 推广应用适宜茶叶生产的机械化绿色防控和精准施肥技术，协调推进自动化、智能化与机械化相融合，提高作业效率，提升茶叶品质和产量，降低生产成本，增加茶农收益。

附表 2 - 20 - 1 四川省茶叶机械化生产技术装备需求情况

附表 2 - 20 - 2 四川省热带作物机械化生产技术装备需求情况（林间种植类）

附表 2-20-1 四川省茶叶机械化生产技术装备需求情况

适宜机械化作业环节		现有机具数量（台、套）	估算还需要机具数量（台、套）	所需机具装备基本作业性能描述（作业效率、技术规格等）
耕整地机械		167	600	开沟机
施肥机械		318	1 500	施肥机
田间管理机械	中耕机械	1 076	3 500	中耕除草机（不易缠草、板结严重的土质也能开沟，作业效率5~7亩/小时以上，配套动力5千瓦以上）
	修剪机械	37 888	13 000	单双人修剪机（操作灵活、安全可靠，修剪效率≥1 000米²/小时，作业效率双人6~8亩/天、单人3亩/天）
	植保机械	30 628	13 000	植保无人机（作业要求续航能力强，承重量大、山地避障、高度适应性能好）、茶园喷雾机（智能、高效率）
	合计	69 592	29 500	
采收机械		13 825	11 000	单双人采茶机（作业效率双人5~6亩/天、单人2亩/天）、名优茶采摘机（能保证每片茶叶品质）、高效采茶机（采摘大宗茶时能快速采茶收集茶叶，作业效率3亩/小时以上）
茶叶加工机械		46 941	5 634	茶叶揉捻机、输送机、理条机、杀青机、炒（烘）干机、筛选机、色选机
合计		130 843	48 234	

附表 2 - 20 - 2　四川省热带作物机械化生产技术装备需求情况（林间种植类）

适宜机械化作业环节		现有机具数量（台、套）	估算还需要机具数量（台、套）	所需机具装备基本作业性能描述（作业效率、技术规格等）
耕整地机械		167	800	开沟机、挖坑机（深度 60～80 厘米）
施肥机械		318	1 500	施肥机
田间管理机械	中耕机械	1 076	—	
	修剪机械	3 120	2 000	电动剪枝机（锂电池供电、重量轻，手柄长短伸缩可调，修剪头可调角度，刀片通用，操作灵活、剪枝效率高、安全可靠，最大剪切直径≥25 毫米，单次使用时长 2～3 小时）
	植保机械	2 978	13 000	植保无人机（作业要求续航强，承重量大，山地避障高度适应性能好）
	合计	7 174	15 000	
收获机械		—	150	果园作业平台（升降高度≥3 米；载重量≥120 千克。平台举升高度为 2.5 米左右，平台展开宽度 3.0 米左右，可以满足多角度果实采摘需求）
合计		7 659	17 450	

贵州省茶叶、中药材、热带作物生产机械化技术装备需求调查与分析

一、产业发展现状

（一）茶叶

按照《中共贵州省委　贵州省人民政府关于加快建设茶产业强省的意见》（黔党发〔2018〕22 号）及《贵州省农村产业革命茶产业发展推进方案（2019—2020 年）》要求，贵州省围绕建成茶产业强省的总体目标，以效益为核心、以市场为导向，依托资源禀赋，发挥全国面积最大的基地规模优势与最安全的生态优势，统筹推进品牌宣传、市场开拓、加工升级、基地提升等全产业链发展，到 2020 年，全省茶园面积稳定在 700 万亩，茶叶年产量 50 万吨，茶叶产值 500 亿元，把"贵州绿茶"和"三绿一红"（"都匀毛尖""湄潭翠芽""绿宝石""遵义红"）品牌培育成全国知名品牌。

（二）中药材

按照《贵州省农村产业革命中药材产业发展推进方案（2019—2020）》要求，贵州省聚焦产业革命"八要素"，践行"五步工作法"，深入开展中药材扶贫行动，扎实推进中药材产业发展。立足贵州省中药、民族药资源和生态优势，以市场为导向，坚持"绿色化、生态化、优质化、品牌化"发展路径，优先发展道地药材，推动药食同源中药材及其产品发展。到 2019 年年底，全省新增中药材（不含石斛、刺梨）种植面积 60 万亩，总面积 600 万亩，产量150 万吨，产值 150 亿元；建设种子种苗繁育基地 9 万亩；打造 10 个以上黔药优势品种；培育 15 个 10 万亩以上中药材种植大县；建设道地药材规模化标准基地 51 万亩；建设 10 个产地初加工基地；强化中药材质量追溯；带动全省30.7 万贫困人口增收。

（三）热带作物

贵州省属亚热带湿润季风气候，热带作物种植面积较少，机具需求量较小，本次未进行统计。

二、机械化发展现状

(一) 茶叶

贵州省目前在茶园宜机化改造、施肥、中耕、修剪、植保、采收等环节拥有的各类农机具数量为 24 480 台 (套), 其中: 宜机化改造环节 124 台 (套), 施肥环节 97 台 (套), 中耕环节 12 031 台 (套), 修剪环节 4 473 台 (套), 植保环节 6 943 台 (套), 采收环节 567 台 (套), 加工环节 238 台 (套)。还需要各类农机具 23 250 台 (套), 其中宜机化改造环节 400 台 (套), 施肥环节 3 000 台 (套), 中耕环节 10 150 台 (套), 修剪环节 5 000 台 (套), 植保环节 1 700 台 (套), 采收环节 2 000 台 (套), 加工环节 400 台 (套)。由于贵州省茶叶主要种植区域为山地丘陵地带, 目前全省茶园中耕机械化水平 25.78%; 茶园施肥机械化水平 2.23%; 茶园植保机械化水平 19.30%; 茶园修剪机械化水平 49.87%; 茶叶采收机械化水平 66.79%; 茶叶农业搬运机械化水平 70% 左右, 茶叶生产综合机械化水平 45% 左右。

贵州省现有各类茶叶机械化生产企业 3 500 余家, 2020 年, 全省茶园面积稳定在 700 万亩, 茶叶年产量 50 万吨, 茶叶产值 500 亿元。近年来, 贵州省在雷山、黎平、瓮安、思南、石阡等县开展茶园生产全程机械化试验示范工作, 建立省级茶园生产全程机械化示范基地, 开展相关技术培训, 在项目示范区, 茶园生产综合机械化水平超过 70%, 取得了良好的经济、社会和生态效益。

(二) 中药材

1. **田间栽培类**　全省目前田间栽培类中药材品种主要有天麻、钩藤、太子参、薏苡仁、半夏、黄精、白及、花椒、艾纳香、何首乌、党参、茯苓、头花蓼、金 (山) 银花、生姜等品种, 在中药材宜机化育苗、种植 (播种、移栽)、收获、田间转运等环节拥有的各类农机具数量为 906 台 (套), 其中育苗环节 245 台 (套)、种植环节 288 台 (套)、播种环节 158 台 (套)、移栽环节 130 台 (套)、收获环节 149 台 (套)、田间转运环节 224 台 (套), 全省目前还需要各类农机具 1 250 台 (套), 其中收获环节 100 台 (套)、农产品初加工环节 550 台 (套)、田间转运环节 600 台 (套)。贵州省绝大部分中药材种植在山地等丘陵地区, 因受地理、中药材品种等条件等因素限制, 中药材生产需要耕整地, 该环节机械化率 50% 左右, 其余各环节基本未机械化生产, 因此中药材综合机械化水平较低。

2. **林间栽培方面**　贵州省林间栽培类中药材主要种植区域为坡度较陡的

山坡，机具基本无法进行作业，所以林间栽培类中药材本次未做统计，也未提出需求。

贵州省现有各类省级以上中药材生产龙头企业 50 余家，预计到 2020 年年底，全省新增中药材种植面积 55 万亩，总种植面积达 655 万亩，产量 180 万吨，产值 200 亿元。近年来，贵州省在安龙、独山等县开展白及、海花草等中药材生产全程机械化试验示范工作，建立省级机械化示范基地，开展相关技术培训，在项目示范区，白及、海花草生产综合机械化水平超过 50%，取得了良好的经济、社会和生态效益。

（三）热带作物

贵州省田间栽培类热带作物主要有杧果、火龙果等。多为坡地分散种植，整体机械化水平较低。

三、下一步机械化发展方向和工作措施

（一）存在的主要问题和制约因素

1. **农机推广机构不健全，农机化服务体系薄弱**　由于机构改革，全省除省级、市（州）及部分县（市、区）农机部门相对健全外，绝大部分县（市、区）已无农机部门，乡（镇）没有农机推广人员，同时部分农机部门健全的县（市、区）只有 1～2 位人员，缺少必要的走出去、引进来的学习环节，对农机新机具、新技术缺乏深层次的理解、掌握和运用。

2. **机械化普及程度不高**　一是贵州省茶园及中药材种植机械化水平整体相对较低。贵州省茶园和中药材主要种植在山地丘陵地区，以茶园为例，大部分茶园基本靠小型机械作业，以小型除草机、修剪机、采茶机为主，连续化、清洁化、智能化加工机械研发与应用严重不足；二是中药材种类、品种较多，种植技术区别较大，只有部分根茎类中药材的部分生产环节实现了机械化作业，其余各环节基本上无合适的机具供选择使用。

3. **龙头企业规模小，示范带动效应不强**　虽然贵州省茶叶及中药材种植面积已经位居全国前列，但除部分茶叶企业规模较大以外，绝大多数茶叶及中药材种植企业还处在起步阶段，资金投入有限，导致机械化生产和加工设备投入不足，管理措施不到位，示范带动效应不强。

4. **从业人员素质参差不齐，新机具、新技术推广难度较大**　一是基层农机工作人员素质参差不齐，人员老化严重，面对日益先进的新机具、新技术，向农户介绍、指导各种新式农机具的使用方法和机具性能时，知识缺乏、人员不足，很难承担起推广任务，严重影响农用机械的推广工作。二是

除部分种植农户具有一定的种植及管理经验外，绝大部分农户专业素质相对较低，缺乏种植、管理等方面的专业培训经历，对新机具、新技术接受能力也较差。

5. **农机推广工作经费不足**　市（州）及部分县（区）没有安排农机推广工作经费，有的县安排的农机管理经费很少，难以满足农机推广相关工作需要。

6. **部分适用机具没有纳入购机补贴范围**　贵州省随着产业战略性调整的进行，开始大力发展茶叶、中草药种植，2020 年全省茶叶种植面积达到 700 万亩、中药材种植面积达到 655 万亩，对茶叶加工成套设备（茶叶加工清洁化生产线）、烟雾机、药材烘干机（热风循环烘箱）、除草机、药材清洗机、药材切片机、药材挖掘（收获）机等农机具需求很大，但这些农机具绝大部分没有纳入购机补贴范围。

（二）机械化机具研发、制造新动向

茶园及中药材机械生产对生产基础有较高的要求，如开展机采工作，对山地的坡度、梯面、道路、品种、栽培方式等各种基础条件都有适当的要求，而目前除少数几家生产企业的种植管理比较到位外，其他的由农户各自入股的农民专业合作社，由于种植、管理不到位，开展相应机械化作业工作有难度。另外，我国茶叶、中药材机械生产企业生产的茶叶、中药材机械大都是一些通用类机械，不太适用于贵州省茶叶、中药材生产作业。建议各地农机研究所、生产企业有针对性地研究制造出一些适合于贵州省茶叶、中药材生产的相关机具。

（三）推进生产机械化发展的技术方向和工作措施

1. **构建省、市特色产业农机化技术推广示范基地**　在下一步工作中，贵州省农机部门将结合省委、省政府及省农业农村厅相关工作安排部署，在全省大力开展省级农机化试验示范工作，建立示范基地，开展相关技术培训，带动周边种植户、合作社、龙头企业，形成良好的示范效应。

2. **构建高标准农田建设与"宜机化"土地整理联动工作机制**　一是加强对贵州省各级农业部门及农户农田宜机化改造政策的宣传，农田宜机化改造是惠及子孙的大事，是改变农民"面朝黄土背朝天"传统作业方式的大事，一定要做好宣传引导、营造氛围。同时要破解难题，特别是针对地块进行"破田坎""小改大""短改长"等打破传统土地确权方式的问题研究和应用；二是探索推行"宜机化"试点，以点带面。根据土地整治难易程度，建立"宜机化"土地整治试点，通过试点工作，以点带面，形成示范效应。

附表 2-21-1　贵州省茶叶机械化生产技术装备需求情况

附表 2-21-2　贵州省中药材机械化生产技术装备需求情况（田间栽培类）

附表 2-21-1　贵州省茶叶机械化生产技术装备需求情况

适宜机械化作业环节		现有机具数量（台、套）	估算还需要机具数量（台、套）	所需机具装备基本作业性能描述（作业效率、技术规格等）
宜机化改造		124	400	平地机、碎石机、推土机
耕整地机械		—	150	旋耕机
施肥机械		97	3 000	开沟施肥机
田间管理机械	中耕机械	12 031	10 150	中耕机、除草机、培土机
	修剪机械	4 473	5 000	茶树修剪机
	植保机械	6 943	1 700	机动喷雾机、电动喷雾机、静电喷雾器、遥控无人飞机、风送式喷雾机
	合计	23 447	16 850	
采收机械		567	2 000	采茶机
排灌机械		7	100	水肥一体化设备
运输机械		—	350	履带拖拉机、轮式拖拉机、轨道运输机、山地履带运输机
茶叶加工机械		238	400	萎凋槽、茶叶加工成套设备（茶叶加工清洁化生产线）、发酵塔
合计		24 480	23 250	

附表 2 - 21 - 2　贵州省中药材机械化生产技术装备需求情况（田间栽培类）

适宜机械化作业环节		现有机具数量（台、套）	估算还需要机具数量（台、套）	所需机具装备基本作业性能描述（作业效率、技术规格等）
种植施肥机械	育苗机械	245	—	
	播种机械	158	—	
	栽植机械	130	—	
	合计	533		
收获机械		149	100	药材挖掘机
运输机械		224	600	山地履带运输机、轨道运输机
合计		906	700	

云南省茶叶、中药材、热带作物生产机械化技术装备需求调查与分析

一、产业发展现状

为深入贯彻落实习近平总书记考察云南时提出的"立足多样性资源这个独特基础，打好高原特色农业这张牌"的重要指示要求，云南省将现代农业发展作为全省经济社会发展的重大战略，聚焦茶叶、花卉、蔬菜、水果、坚果、咖啡、肉牛、中药材等8大重点产业，持续打造世界一流"绿色食品牌"。云南省委、省政府政策支持力度不断加大，政策体系逐步完善，为茶产业、中药材、水果等产业发展营造了良好的政策环境。2018年起，省委、省政府每年设立10亿元"绿色食品牌"专项资金，从绿色有机基地建设、品牌打造等方面，实施全产业链扶持。2019年至2021年，云南省每年预算投入6亿元，全力推进"一县一业"示范创建。

茶叶是云南传统优势产业，种植面积、产量均居全国第二位。全省16个地、州中就有14个产茶，但茶园主要集中在普洱、临沧、西双版纳等三大茶区，三大茶区茶园面积均超100万亩；其次是保山茶区，面积61.32万亩；文山、红河、德宏、大理等4个茶区面积均在20万亩以上。云南茶类齐全，但产品主要集中在普洱茶、红茶和绿茶三大类上。茶产业历来是云南重点优势产业，2019年，全省茶叶总产量43.1万吨，综合产值达936亿元。茶产业农业产值、加工产值、三产产值的比例为1∶2∶2.6，云南茶产业由增产导向转向提质导向。

云南省积极落实中药材产业三年行动计划，重点推进中药材绿色、有机、标准化基地建设，支持道地药材良种繁育、绿色基地建设。云南省中药材种植（养殖）品种近80种，总体呈现大品种高度集中、特色品种突出、小冷品种多元化分布的特点。2019年，从种植规模看，三七、天麻、重楼、云木香、砂仁等17个品种种植面积突破10万亩，云当归、滇黄精、茯苓、石斛、粗茎秦艽等9个品种种植面积达5万亩以上（5～10万亩）；从农业产值看，三七、重楼、砂仁、石斛、天麻等10个品种的农业产值超过10亿元，云木香、当归、粗茎秦艽、灯盏花、银杏等21个品种的农业产值超过

1 亿元（1～10 亿元）。

云南地处我国北方落叶果树与南方常绿果树的混交地带，温带落叶果树、亚热带常绿果树、热带果树三分天下。云南水果约有 49 科 118 属 287 种。2019 年，云南省水果种植面积达 1 015.1 万亩，产量达 896.8 万吨；超过百万亩的果种有柑橘、杧果、香蕉和苹果等；超过 50 万亩的果种有梨、桃和葡萄等。

二、机械化发展现状

（一）茶叶

本次调查以云南省普洱、临沧、西双版纳等三大茶区为对象。从全省总体情况看，茶叶加工环节机械化水平较高，但田间种植的采收等环节机械化水平相对较低，目前主要推广应用茶叶修剪机、植保机具等田间生产所需机具，以及初加工环节所需的杀青机、揉捻机、炒（烘）干机、筛选机等，茶叶色选机等机具需得到进一步的推广应用。各地茶叶机械化发展水平不尽相同。如普洱市茶叶种植主要分布在山区，由于环境地形复杂，茶园的生产机械化水平还较为低下，采茶工紧缺，鲜叶下树率低、生产成本高；适合南方丘陵地区的茶园管理机比较少，茶园的中耕作业、施肥作业及茶叶采摘基本上靠人工完成。对于修剪作业，目前市场上修剪机技术比较成熟，茶园修剪基本上实现了机械化作业。

（二）中药材

云南为丘陵山区，地形复杂，种植的中药材品种较多且比较零散，对机械化种植提出了更高的要求。机械作业主要集中在耕整地、植保、收获后初加工处理等环节。从总体情况来看，耕整地环节机械化水平相对较高，在根茎类中药材的收获环节，农用机械得到进一步的示范推广应用，田间种植环节的农用机械主要以微耕机、旋耕机、植保机械为主，其他环节以烘干机械为主。

（三）热带作物

云南省因地形条件限制，在田间种植方面，水果等热带作物生产机械化水平仍很低，目前只有种植时的耕整地机械化作业达到较高水平。随着农用无人机及水肥一体化设施的应用范围扩大，施肥、植保环节机械化水平逐步提高；种植、除草、收获等环节则由于种植条件复杂，管理模式、种植农艺模式与农机作业不配套等原因，推广应用较缓慢，基本依赖人工作业，劳动强度大、效率低。

(四) 云南农机企业情况

云南省大型农机生产企业不多。目前农机生产企业多数以耕整地、灌溉、烘干等机具为主要产品，进行茶叶、中药材、热带作物等方面所需的专用机具研发制造的企业较少，茶叶修剪、采摘、杀青、揉捻、色选等使用的机具多为省外产品。

三、存在的主要问题和制约因素

(一) 专用机具缺乏

各种中药材种植所需的专用机具缺乏，一机多用的机型较少，智能化程度低，农机作业质量均有待提高，中药材种植机械化有着广阔的发展空间。

(二) 种植条件限制

茶叶种植地形较复杂，机具难于进入作业；中药材经济效益较好，但只能在不适宜机械化作业的山区、坡地、林地上零散土地的种植，机械化作业面临较大困难。另外，三七、重楼等药材需要搭架子、拉遮阴网种植，同样限制了机械化作业。

附表 2-22-1 云南省茶叶机械化生产技术装备需求情况
附表 2-22-2 云南省中药材机械化生产技术装备需求情况（林间种植类）
附表 2-22-3 云南省中药材机械化生产技术装备需求情况（田间栽培类）
附表 2-22-4 云南省热带作物机械化生产技术装备需求情况（林间种植类）
附表 2-22-5 云南省热带作物机械化生产技术装备需求情况（田间栽培类）

附表 2 - 22 - 1　云南省茶叶机械化生产技术装备需求情况

适宜机械化 作业环节		现有机具数量 （台、套）	估算还需要机具 数量（台、套）	所需机具装备基本作业性能描述 （作业效率、技术规格等）
田间 管理 机械	中耕机械	1 523	2 500	田园管理机（作业效率2～4亩/小时）、除草机（作业效率2～4亩/小时）
	修剪机械	1 200	800	修剪机（作业效率2～3亩/小时）
	植保机械	5 600	2 000	机动喷雾机（作业效率5～8亩/小时）
	合计	8 323	5 300	
采收机械		653	800	采茶机（作业效率4～5亩/小时）
茶叶加工机械		8 649	2 980	茶叶揉捻机、杀青机、压饼机、理条机、烘干机
合计		17 625	9 080	

附表 2-22-2　云南省中药材机械化生产技术装备需求情况（林间种植类）

适宜机械化作业环节		现有机具数量（台、套）	估算还需要机具数量（台、套）	所需机具装备基本作业性能描述（作业效率、技术规格等）
耕整地机械		—	67	开沟机
施肥机械		—	33	开沟施肥机
田间管理机械	中耕机械	61	353	除草机、覆土机、铺布机、田园管理机、培土机
	修剪机械	255	335	电动剪枝机、割灌机
	植保机械	531	303	电动喷雾机、风送式喷雾机
	合计	847	991	
排灌机械		5	30	水肥一体化设备
运输机械		—	95	田园搬运机、轨道运输机
合计		852	1 216	

附表 2-22-3 云南省中药材机械化生产技术装备需求情况（田间栽培类）

适宜机械化作业环节	现有机具数量（台、套）	估算还需要机具数量（台、套）	所需机具装备基本作业性能描述（作业效率、技术规格等）
播种机械	—	20	精密播种机
收获机械	—	200	收割机
运输机械	—	340	收获装载平台、运输机械
合计	—	560	

附表 2 - 22 - 4　云南省热带作物机械化生产技术装备需求情况（林间种植类）

适宜机械化作业环节		现有机具数量（台、套）	估算还需要机具数量（台、套）	所需机具装备基本作业性能描述（作业效率、技术规格等）
耕整地机械		—	5	微耕机
田间管理机械	中耕机械	100	760	除草机
	修剪机械	1 602	1 1861	电动剪枝机、割灌机
	植保机械	2 378	5 687	机动喷雾器、打药机、无人机
	合计	4 080	18 308	
运输机械		—	20	轨道运输车
合计		4 080	18 333	

附表 2－22－5 云南省热带作物机械化生产技术装备需求情况（田间栽培类）

适宜机械化作业环节		现有机具数量（台、套）	估算还需要机具数量（台、套）	所需机具装备基本作业性能描述（作业效率、技术规格等）
耕整地机械		290	210	开沟机、旋耕机
种植施肥机械	播种机械	65	10	精量播种机
	栽植机械	—	110	甘蔗栽种机
	合计	65	120	
田间管理机械	中耕机械	30	—	
	修剪机械	—	400	割草机
	植保机械	5	617	打药机、风送式喷雾机、无人打药机
	合计	35	1 017	
收获机械		—	45	甘蔗收割机
运输机械		368	80	轨道运输车、收获装载平台、袋载单排卸筐机、农用装载机等
合计		758	1 472	

陕西省茶叶、中药材生产机械化技术装备需求调查与分析

一、产业发展现状

陕西地跨陕南、关中、陕北三地，特色产业品种多、分布广，为了促进特色产业发展，提高现代农业装备水平，省政府提出"3+X"特色农业产业发展工程，目标为在保障全省粮食生产安全的基础上，聚力千亿级苹果产业、千亿级羊乳产业、千亿级棚室栽培产业，因地制宜做优做强茶叶、中药材、魔芋、核桃、红枣等区域特色产业，形成三大主导产业引领、区域特色产业精准覆盖的"3+X"农业特色产业发展格局。茶叶和中药材产业形成了"小板块、大聚集，小产业、广覆盖"格局，精准带动作用突显。

截至 2018 年年底，陕西省茶叶种植面积 203 万亩，其中宜机械化作业面积 160 余万亩；35 种中药材种植面积 100 余万亩，独特的地理优势及中医药资源优势使得陕西素有"天然药库"的美誉，号称"秦地无闲草"，但形成质量优势品牌的品种较少。随着农业产业结构调整，中药材将呈现快速发展势头。

二、机械化发展现状

（一）茶叶

茶叶产业显著的经济效益使陕西省茶叶加工从单机、小规模逐渐向成套自动化流水线转变，大幅度提高了茶叶生产加工的清洁化水平。据不完全统计，陕西省现有各类茶叶作业机械及设备 4.4 万台（套），耕整地、修剪、植保、杀青、理条、定形、烘干、分级、包装等环节基本都能实现机械化作业，加工机械化水平达到 96% 以上，全省名优茶、精品茶和高档茶比例从过去的 30% 提高到现在的 55% 以上，但由于机械数量和茶叶种植区域的限制，茶叶田间作业机械化水平不高，还有待于通过宜机化改造和引进、试验、示范推广等手段来进一步改进提高。

（二）中药材

目前，陕西省中药材生产方面使用的机械有微耕机、旋耕机、便携式挖坑

机、背负式喷雾器、小型采挖机、移栽机、清洗机、烘干机等，机械化水平较低。

三、下一步机械化发展方向和工作措施

（一）存在问题

1. **整体机械化发展存在的问题**　茶产业生产机械化程度较高，中药材生产机械化程度较低；大中型机械少，小型机械多；中药材收获机械缺乏。

2. **调查涉及部门配合方面的问题**　本次调查的茶叶和中药材两大产业，涉及多学科知识，需要多部门配合完成，但调查的主体仅仅是农机部门，调查中难免会遇到其他部门不愿意配合的现象，调查工作开展不畅。

（二）需求情况

1. **茶叶**　在耕整地环节需要微耕机、开沟施肥机；在植保环节需要机动喷雾机、无人机；在修剪环节需要茶树修剪机；在收获环节需要茶叶采摘机、小型拖拉机；在初加工等环节需要风选机、杀青机、揉捻机、烘干机、茶叶加工清选生产线等。

2. **中药材**　在耕整地环节需要联合整地机；在种植环节需要药材播种机、根茎作物播种机；在植保环节需要除草机、喷雾机；在收获等环节需要小籽粒收获机、药材收获机、烘干机、打捆包装机、中药材粉碎机。

（三）下一步技术方向和工作措施

1. **加强农机农艺和机械化信息化深度融合**　建立农机农艺人员协作机制，加强农机与农技部门的实质性合作，吸收农技人员共同研究制定实施方案，共同设立核心试验区，进行对比试验，确定技术工艺路线，共同进行总结提炼，促进农机农艺的深度融合。在机械化信息化融合方面，要将互联网、物联网、大数据、移动通信、智能控制、卫星定位等信息化技术应用于农机生产、服务与管理，提升农机制造、产品、服务、管理质量和水平。

2. **加强技术培训提高推广队伍整体素质**　一要加强对农机干部的培训。通过采取举办学习班、专题研讨班和外出考察等方式，加强对政治理论、业务知识、农机新技术、农机安全生产的培训，着力提高农机干部整体素质。二要加强对农民机手的培训。采取多种方式，对专业合作组织、农机大户和农机操作手进行机械原理、驾驶操作、维修保养、安全常识等方面的知识培训，提高他们对农机新技术、新机具的推广运用能力。

3. **加强调查研究做到有的放矢**　通过调查，了解农机发展动态，了解农民需求，了解生产中存在的问题，掌握第一手材料，使工作能做到有的放矢，为上级决策提供依据。

附表 2 - 23 - 1　陕西省茶叶机械化生产技术装备需求情况

附表 2 - 23 - 2　陕西省中药材机械化生产技术装备需求情况（林间种植类）

附表 2 - 23 - 3　陕西省中药材机械化生产技术装备需求情况（田间栽培类）

附表 2 – 23 – 1　陕西省茶叶机械化生产技术装备需求情况

适宜机械化作业环节		现有机具数量（台、套）	估算还需要机具数量（台、套）	所需机具装备基本作业性能描述（作业效率、技术规格等）
宜机化改造		509	—	
耕整地机械		952	20 144	微耕机（作业效率 3 亩/小时以上）、旋耕机
施肥机械		—	130	开沟施肥机
田间管理机械	中耕机械	1 717	15 251	除草机（自走式，作业效率 3～5 亩/小时，配套动力 10 千瓦以上）、中耕机（自走式，作业效率 2 亩/小时以上，配套动力 10 千瓦以上）、培土机
	修剪机械	1 480	525	单人修剪机、双人修剪机
	植保机械	13 815	50 519	机动喷雾机、太阳能杀虫灯、无人机
	合计	17 012	66 295	
采收机械		7 665	45 162	双人采茶机、单人采茶机
排灌机械		20	59	水肥一体化设备、微滴灌
茶叶加工机械		17 845	8 555	茶叶杀青机、理条机、色选机、烘干机、提香机、揉捻机、全自动包装机、输送机、风选机、压扁机、摊青机、红茶生产线、绿茶生产线
合计		44 003	140 345	

附表 2 – 23 – 2 陕西省中药材机械化生产技术
装备需求情况（林间种植类）

适宜机械化 作业环节		现有机具数量 （台、套）	估算还需要机具 数量（台、套）	所需机具装备基本作业性能描述 （作业效率、技术规格等）
耕整地机械		148	120	微耕机
施肥机械		52	861	开沟施肥机（自走式，作业效率 2～3 亩/小时）
田间 管理 机械	中耕机械	217	3 140	除草机（自走式，作业效率 2～3 亩/小时）、培土机（自走式，作业效率 5 亩/小时以上）
	修剪机械	101	3 247	电动剪枝机、割灌机（背负式，作业效率 2 亩/小时以上）
	植保机械	203	321	风送式喷雾机、植保飞机（遥控式）、喷杆式喷雾机、电动喷雾机
	合计	521	6 708	
收获机械		9	605	采摘机、采摘升降平台、收获机、挖掘机（作业效率 2 亩/小时以上，挖掘深度 40 厘米以上）
排灌机械		1	1 668	水肥一体化设备（移动式）
运输机械		7	1 174	田园搬运机、轨道运输机
合计		738	11 136	

附表 2-23-3 陕西省中药材机械化生产技术
装备需求情况（田间栽培类）

适宜机械化 作业环节		现有机具数量 （台、套）	估算还需要机具 数量（台、套）	所需机具装备基本作业性能描述 （作业效率、技术规格等）
耕整地机械		1	—	
种植 施肥 机械	育苗机械	5	65	营养钵压制机、起苗机、精量穴播流水线
	播种机械	60	422	多功能播种机、精量播种机、条播机、小粒 种子播种机
	栽植机械	12	79	移栽机
	施肥机械	2	—	
	合计	79	566	精量穴播流水线、精密播种机
中耕机械		8	10	除草机
收获机械		239	258	收割机、采挖机、茎秆收割机、草籽收获 机、捡拾打捆机
运输机械		41	230	收获装载平台、田间运输机
合计		368	1 064	

甘肃省茶叶、中药材生产机械化技术装备需求调查与分析

一、产业基本情况

(一)中药材基本情况

甘肃省位于黄土高原、青藏高原和内蒙古高原的交汇处,经纬跨度大,地海拔差异大,高寒、阴湿、干旱、昼夜温差大、太阳辐射强等气候特征明显,特殊的气候和立地条件,为中药材种植打下了良好的基础。同时,中药材产区畜牧业发达,有机肥源充足,发展无公害、绿色、有机药材生产优势明显。目前中药材产业已经成为助推全省发展的重点产业,在决战脱贫攻坚、决胜全面建成小康社会中发挥了举足轻重的作用。

1. **种植历史悠久,面积逐年增加**　经过多年发展,全省已形成陇南山地亚热暖温带秦药区、陇中陇东黄土高原温带半干旱西药区、青藏高原东部高寒阴湿中药藏药区、河西走廊温带荒漠干旱西药区四大优势药材区域。2019 年全省中药材种植面积 465 万亩、产量 130 万吨,较 2016 年分别新增 60 万亩、30 万吨。变化情况见图 1-24-1。

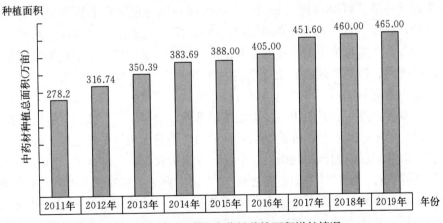

种植面积

图 1-24-1　甘肃省中药材种植面积增长情况

2. **中药材品种丰富,市场占比大**　甘肃省中药材种植品种达 1 600 种以

上，其中 276 种被列入全国重点品种，占全国重点品种的 76%，大宗道地药材有 30 多种。全省中药材种植面积在 30 万亩以上的县有 5 个，20～30 万亩的县 2 个，10～20 万亩的县 13 个，5～10 万亩的县 11 个。各县区中药材种植面积见图 1-24-2。

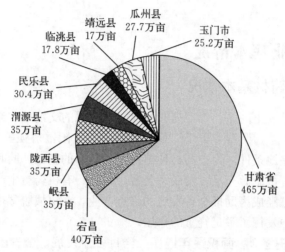

图 1-24-2　甘肃省中药材种植大县（市）种植面积分布情况

3. 区域特色优势突出，品牌效应明显　甘肃省已形成适宜于多种类型中药材生长、特色相对明显优势的产区，种植面积在万亩以上的品种有近 20 种，当归、党参、黄芪、大黄、甘草、枸杞、板蓝根种植面积超过 287 万亩，占全省中药材种植总面积的 61.7% 以上。已建成一批特色突出的规范化中药材生产基地，如以岷县、漳县、渭源等为主的优质当归基地，以渭源、陇西、临洮、漳县、宕昌等为主的优质党参基地，以文县、武都等为主的优质纹党参基地，以陇西、渭源、岷县、会宁等为主的优质黄芪基地，以瓜州、景泰、靖远、榆中为主的优质甘草基地，以宕昌、礼县、华亭为主的优质大黄基地，以安定、漳县、陇西、武山为主的优质柴胡基地，以民乐、甘州为主的优质板蓝根基地，以靖远、景泰、古浪、瓜州、玉门为主的优质枸杞基地等。岷县、陇西县、渭源县、西和县和民乐县 5 个县，分别被农业农村部授予"中国当归之乡""中国黄芪之乡""中国党参之乡""中国半夏之乡"和"中国板蓝根之乡"称号。岷县当归、渭源白条党参、陇西黄芪、陇西白条党参、礼县铨水大黄、西和半夏、文县纹党参、华亭独活、华亭大黄、民勤甘草、武都红芪、瓜州枸杞、靖远枸杞等 18 个道地中药材品种获得国家原产地标志认证。各药材种植大县主要药材品种见表 2-24-1。

表 2-24-1　甘肃省大宗中药材种植品种分布情况

品种县（市）区	宕昌县	岷县	陇西县	渭源县	临洮县	民乐县	靖远县	瓜州县	玉门市
当归（万亩）	8.0	16.0		2.8	2.4				
党参（万亩）	8.0	8.3	6.0	15.0	9.6				
黄芪（万亩）	10.0	7.5	6.5	13.9	2.5	7.5	1.2		
大黄（万亩）	8.6	1.2	0.2	0.2	0.3				
枸杞（万亩）							13.5	14.5	21
甘草（万亩）			5.0			1.4		11.2	1.2
板蓝根（万亩）			0.5			14.5			

4. 精深加工和仓储物流能力不断增强　2019 年，全省有中药材产业重点龙头企业 226 家，获得国家 GMP 认证的中药材加工企业 40 家。年加工中药饮片 60 万吨，加工产值 200 亿元。已建成陇西文峰、首阳，渭源渭水源、会川和岷县当归城等 5 个规模较大的中药材专业交易市场；现有"惠森药业""中天药业""甘肃当归城""康美"等千吨以上大型仓储企业 35 家，静态仓储能力 100 多万吨，仓储品种 320 多个，年周转量 200 万吨以上，成为我国北方中药材主要集散地。

5. 助推脱贫攻坚和群众增收致富成效显著　近年来，甘肃省委、省政府把中药材产业作为促进农民增收、助推精准扶贫的六大优势特色产业之一。2018 年、2019 年两年，全省依靠中药材产业脱贫的建档立卡贫困户达 5 万多户、贫困人口 20 多万人，分别占全省 2017 年年底剩余建档立卡贫困户总数、贫困人口总数的 10.6% 和 11.2%。中药材种植收益是粮食作物的 2~3 倍以上，在优势集中产区，农民种植药材收益占农民人均纯收入的比重普遍在 30% 以上，其中宕昌县 55.6%、岷县 54.3%、陇西县 35.4%、武都区 32.5%，岷县梅川镇则高达 80% 以上。特别是在高寒贫困地区，种植药材成为当地群众主要甚至唯一的经济来源，中药材产业促进农民增收作用突出。

（二）茶叶生产发展情况

陇南市是甘肃唯一的茶叶产区，属我国江北茶区中的北缘茶区，主要集中在文县、康县、武都三县区交界地带，与文县白水江国家级自然保护区、武都裕河金丝猴国家级自然保护区和康县大鲵省级自然保护区重叠共生。

1. 生态条件优越，品质独特　陇南市毗邻四川、陕西茶区，独特的地理位置和优越的生态条件，造就了陇南茶叶"高纬度、高海拔、高香气"的"三高"特质。目前，陇南市茶园面积 18 万亩，其中投产茶园面积 12 万亩，认证无公害基地 4.6 万亩、绿色食品基地 5.1 万亩、有机茶基地 0.32 万亩。全年茶产量 1 348 吨，产值 2.4 亿元。产业惠及 8.68 万人，茶区农户户均收入 1.2 万元，人均 2 773 元。

2. **产业化、品牌化水平不断提升** 近年来，陇南茶叶产业开发取得显著成效，"陇南绿茶"取得国家地理标志登记证书，"康县龙神茶""文县绿茶"已通过国家地理标志产品保护认证。已建成茶叶加工营销一体化企业 68 家，其中年产值 1 000 万元以上的 1 家、500 万元以上的 3 家、300 万～500 万元的 8 家、100 万～300 万元的 15 家。注册茶叶商标 71 个，其中甘肃省著名商标 16 个、甘肃名牌产品 9 个、陇南知名商标 2 个、陇南名牌产品 17 个。

3. **带动其他新兴产业蓬勃发展** 通过多年发展，在一些茶叶种植重点村，茶叶收入占到贫困户收入的 60% 以上，茶叶生产已逐步成为茶区农户最具优势和发展潜力的增收致富产业。茶叶产业的发展，推动了数字乡村战略和"互联网＋农业"深入实施，目前全市"电商＋茶叶"方兴未艾，有力助推了脱贫攻坚。

二、中药材、茶叶生产机械化发展现状

（一）中药材生产机械化

近年来，甘肃省根据不同区域立地条件，坚持通用机械与专用机械相结合、机械化与半机械化并举，把新机具示范作为中药材标准化、机械化发展的基础，分作物、分区域开展中药材生产配套机具试验选型和示范推广。加强育苗直播、药苗移栽、除草和收获（采收）等关键薄弱环节专用机具的选型试验，集成组装机械耕整地、高效植保等常规机械化技术及机具，分药材品种提出全程机械化解决方案并组织推广。

1. **主要中药材采用的机械化技术** 田间栽培类中药材分大田播种和育苗移栽两大类。大田播种类中药材可利用精量播种机、撒播机进行种植，例如柴胡、板蓝根。采收时先利用小型收割机割茎后，再利用浅根茎类挖掘机进行收获；育苗移栽类中药材可利用气吸式精量播种机、中药材微垄施肥双膜穴播机进行育苗，再利用根茎类中药材移栽机进行栽植，例如党参、黄芪、黄芩、大黄、甘草等。收获时等地上茎叶枯黄后割掉地上部分，再利用振动切割式、犁铧式、振动链筛式、鼠笼旋转式、叉齿式中药材收获机进行采收。林间栽培类中药材主要为枸杞和金银花，种植环节为扦插育苗后移栽，扦插育苗可采取大田扦插和日光温室温控促根扦插两种方式，温控促根扦插育苗能提高育苗成活率，育苗和移栽环节均全人工进行。移栽金银花按照 2 米、移栽枸杞按照 3 米行距进行，可提高中耕除草、植保环节机械化程度。修剪环节要定枝定形，可利用电动剪枝机辅助人工作业。采收环节，枸杞和金银花均根据分层依次成熟，机械化作业难度较大。

2. 中药材耕种收综合机械化水平　中药材生产机械化水平与主要粮食作物机械化水平差距很大，尤其在种收环节，机械化程度比较低。河西地区耕种收机械化水平较高，中东部地区耕种收机械化水平与河西地区相比较低，种植和田间管理环节机械化作业水平不足 20%。

3. 中药材生产机械拥有量　目前甘肃省拥有中药材育苗播种机械 7 171 台，主要应用的直播机械有意大利马斯奇奥 MT-6 气吸式精量播种机、定西三牛农机公司中药材微垄施肥双膜穴播机、长治市孚斯特公司牵引式中药材撒播机、2BDX 型中药材小型播种机、自走式中药材撒播机等。拥有移栽机械 461 台，主要应用机械有定西三牛公司 2BY 系列3～6 行中药材移栽机、陇西县树强农机专业合作社研发的 2Z 型 7-11 行中药材移栽机、宝鸡市鼎铎机械有限公司的 2ZB-2 移植机、青州市浩泽农业装备公司的 2ZBX-4A 当归铺膜移植机、河北安国辉腾农机公司的 HTZ 系列 5～14 行中药材移栽机等。拥有田间管理机械 5 637 台，除草机械主要为手扶拖拉机或四轮拖拉机配套的锄铲式、微耕机配套的旋耕刀式等机型，植保机械主要为长管式喷雾机、牵引式喷杆喷雾机、悬挂式喷杆喷雾机、高扬程喷雾机和植保无人机等；拥有中药材收获机械 7 290 台，主要为 60 马力以上拖拉机带动振动切割式、犁铧式、振动链筛式、鼠笼旋转式、叉齿式收获机和小挖机、新乡地隆自走式 4YZS-1500 浅型药材收获机、甘草挖晒一体机、振动式枸杞采摘机等。拥有农业搬运机械 3 030 台（套），主要为小型装载机、三轮运输车、四轮农用运输车等。

4. 农机社会化服务组织　甘肃省目前农机合作社达到 2 500 多个，专业从事中药材生产机械化服务的有 560 多个。农机社会化服务组织的快速发展为产业发展提供了有力支撑和保障。其中宕昌、陇西、渭源、民乐等中药材种植大县农机专业合作社发展较快，如宕昌县民福缘专业合作社，以中药材种植、收购、粗加工销售、农业机械维修销售、技术咨询、服务为主。合作社现有大中型拖拉机 3 台、药材收获机 2 台、旋耕机 2 台、根茎类中药材秧苗移栽机 1 台、割草机 2 台、废膜捡拾回收机 1 台，农业机械原值 60 万元，年开展中药材耕种收机械化作业服务面积 2 000 亩以上，2019 年累计销售收入达 118 万元，利润达 10 多万元。

5. 机械化节本增收效果　传统人工种植当归、大黄、黄芪和党参等中药材，平均用工为 20～25 个。种植中药材亩用工价在 2 000 元以上。而采用机械化栽培可以大幅度提高生产效率，降低劳动力成本。以黄芪栽培为例，采取机械耕整地平均亩收费 100 元，机械移栽平均亩收费 300 元，机械收获平均亩收费 400 元。和人工相比，采用机械耕整地、种植（移栽）和收获每亩可减少劳动力支出 1 350～2 200 元，平均效率提高 18～30 倍。其中整地环节亩节约劳动力支出 100～150 元，效率提高 8～12 倍；播种（移栽）环节亩节约劳动力支出 250～300 元，效率提高 2～3 倍；收获环节亩节约劳动力支出 1 000～1 750 元，功效提高 8～17 倍。

（二）茶叶生产机械化发展情况

由于受丘陵地区地理位置的影响，甘肃省茶叶种植规模小，相对分散，茶叶种植、收获等环节还使用传统的人工作业方式，机械化水平较低。目前，全省共有茶叶生产管理机械 925 台（套），其中茶树修剪机械 425 台。加工机械 583 台（套），其中杀青机 115 台、揉捻机 133 余台、炒烘干机 230 台（套）、理条机 54 台、筛选机 51 台。

（三）农机生产企业基本情况

全省有从事中药材机械生产的企业 8 家。为了促进中药材机械化快速发展，2019 年，甘肃省农业农村厅依托定西市三牛农机制造有限公司（省农业农村厅加挂甘肃省旱作农业农机装备研发中心和甘肃省农机农艺融合示范基地牌子），重点研发当归、党参、大黄、黄芪移栽、收获环节适用农机装备 8 种。目前，已成功研发并推广应用的中药材机械有 2MBFT-6 型中药材铺膜微沟穴播联合作业机、2BY-6 根茎类中药材移栽机、斜移式党参 5 行施肥移栽铺膜联合作业机、4Y-1400 中药材挖掘机等，大部分机具已投入试验，有望推广。

三、存在问题及今后发展方向

（一）存在的问题

1. **耕地细碎化与机械化作业不相适应** 甘肃省农民人均耕地 2.65 亩，但 70% 的耕地是山旱地和坡地，机耕道等配套农机化设施建设滞后，加之家庭联产承包经营制度推行时，土地是按类别和等级分块划分的，造成耕地细碎化。很多地方的农田与外部道路之间缺乏满足中大型农业机械通行要求的生产作业道路，存在下地难、作业成本高、效率低等问题，限制了土地的规模化开发利用，而开展机械化作业则要求耕地相对集中连片，制约了中药材、茶叶生产机械化作业的发展。

2. **集约化、标准化程度低，机械化适应性较差** 中药材生产种植费工费时、劳动强度大、辅助用工成本高、种植不够规范，在移栽环节受动力机械和投苗人员影响较大。例如，党参机械播种的亩株数多为 1～1.8 万，达不到 2.2 万株的最低农艺要求，而且由于投苗人员投苗速度不同，不同行间苗数差异很大，造成缺苗断垄现象严重。在挖掘收获环节，切割式、链筛式收获机械对根部皮层较嫩且宜断根的党参等中药材品质影响较大，中药材对机械作业的适应性较差。

3. **中药材种植品类多，农机农艺融合难**　甘肃省地域复杂，中药材种植品类多，农艺栽培技术模式多样，但与之配套的农机研发相对滞后。黄芪、党参、甘草等根茎类中药材机械化移栽作业对种苗长度、新鲜度有较高要求，但市场上种苗长短不一、新鲜度差，陇西、宕昌等地还出现了黄芪二年生的长种苗，长度可达 50～65 厘米，而现有机具苗槽长度仅为 50 厘米左右，导致过长苗子在投苗过程中出现架空或者入土后被覆土机构带出的现象，影响了中药材机械化技术的应用推广。

4. **种植投入成本高，受自然灾害和市场价格影响较大**　大多数中药材每亩投入都在 500 元以上，黄芪、黄芩、党参、大黄每亩投入在 1 000 元以上，半夏每亩投入在 2 万元以上。而中药材市场价格波动大，再加上自然灾害影响，低收益严重挫伤了药农的种植积极性和投资购买机械的积极性，造成农机生产企业机具销量下降、利润下滑，影响了中药材生产机械化水平的提高。

5. **全省茶叶种植适宜区面积小，加工水平较低**　甘肃省大部分茶园位于山坡林缘地带，交通不便且分布零碎，机械作业条件不足，导致管理难度较大，生产成本偏高特别是人工采摘成本高，加工设备的自动化、清洁化程度低，现代高科技设备和大型节能设备相对较少。产品和四川、陕西等省的加工企业采用先进设备加工的同级茶叶相比，存在茶型不整齐、色泽差的问题，严重影响了茶叶加工品质，制约了茶叶产业化发展。

6. **中药材生产企业规模小、产品技术含量较低**　全省中药材机具生产企业自我发展能力差、企业专利和知识产权保护意识淡薄、生产加工工艺简单，即使少数企业在某些环节或功能上有所创新，也极易被仿制，众多机型在工艺和结构上大同小异，适应性和可靠性有待进一步提升。

（二）取得的经验

近年来，甘肃省农业农村厅加大中药材等特色产业机械化的扶持力度，2020 年在全省建立 9 个中药材机械化示范点，集成推广中药材移栽、收获等关键机具，取得了一些经验：

1. **坚持因地制宜、分类指导**　在川台（塬）地、平原及地块面积较大的梯田，选用与大中型拖拉机配套的移栽机和收获机；坡度大于 10 度和机耕道不完善的地块，选用手扶拖拉机、微耕机等小型或半机械化机具开展辅助作业，逐步向机械化过渡。

2. **技术上坚持成熟一项推广一项**　在黄芪、黄芩、甘草种植区积极推广耕种收全程机械化；党参、当归种植区在推广覆膜和收获机械的基础上，加大对露头覆膜移栽机械、株距可调式移栽机的试验力度，逐步突破机械栽培密度等技术瓶颈；大黄种植区积极试验机械辅助挖穴、机械倾斜移栽等技术，推广规范种植，确保种植幅宽与收获机械作业幅宽相匹配，满足机械对行收获需要；枸杞、金银花种植区积极开展起垄开沟、中耕除草、植保、采收等机械化技术试验，逐步完善全程机械化技术体系。

3. **坚持需求导向，突破薄弱和关键环节**　大田栽培类中药材薄弱环节在种苗移栽，林间栽培类薄弱环节在收获。目前，黄芪、黄芩、甘草移栽机械化技术基本成熟，党参、大黄移栽机尚需改进，当归移栽机械已多次进行了进地试验，但技术尚不成熟。枸杞收获机械振动式采摘机已进行了采摘试验，由于枸杞果花同序、上下层枝条和同枝条果实成熟不同期，采用机械生熟果同时采收，技术尚不成熟。而茶叶生产区薄弱环节在中耕除草、植保、施肥和修剪环节，可从小型机具入手，在肥料、杂草运输环节使用山地轨道车。机械化发展重点在加工环节，需大力发展杀青机、智能炒茶机、茶叶提香机、智能揉捻机和称重包装机等，提高茶叶品质。

4. **坚持优化装备结构，提高装备拥有量**　据调查，目前甘肃省大田栽培类中药材机械种植环节需求为小籽粒精密播种机 1 160 台、2BDX 电动穴播机 460 台、微垄施肥双膜穴播机 640 台、牵引式中药材撒播机 860 台、中药材撒播机 260 台；移栽环节需求为长槽式根茎中药材移栽机 2 850 台、鸭嘴式中药材移栽机 120 台；收获环节需求为茎秆收获机 320 台、振动链筛式挖掘机 2 830 台、鼠笼旋转式挖掘机 20 台、叉齿式挖掘机 210 台、中小型挖掘机 160 台、甘草挖晒一体机 95 台；田间转运环节需求小型装载机 165 台。林间种植类中药材中耕、施肥环节需求为开沟施肥机 1 560 台、除草机 420 台；修剪环节需求为割灌机 28 台、电动剪枝机 620 台，植保环节需求为分层式喷雾机 220 台、植保无人机 90 台；收获环节需求为采摘机 1 200 台；茶叶机械需求为专用小型除草机械 1 250 台、单人修剪机 195 台、机动喷雾机 160 台、茶叶杀青机 50 台、智能炒茶机 100 台、茶叶提香机 100 台、智能揉捻机 200 台和称重包装机 80 台等。

（三）今后发展方向和措施

1. **科学制定中药材、茶叶机械化发展规划**　进一步深化对中药材、茶叶产业发展形势的认识，立足农业生产发展需要和经济地理条件，科学制定切合当地实际的中药材、茶叶生产机械化发展规划，紧紧抓住国家和省产业扶贫优惠政策，加快突破机械化发展薄弱环节，提高中药材、茶叶产业机械化水平，推动甘肃省中药材产业持续规范发展。

2. **立足地域特点，明确机械化发展思路** 坚持"先易后难、分步实施、分类突破、逐步到位"的发展思路。在发展顺序上，先发展川地机械化，逐步拓展到半山梯田和山梁地。在药材种类上，先从黄芪、黄芩、甘草、大黄、党参等机械化技术易实现的作物种类开始，逐步拓展到当归和枸杞、金银花等机械化技术配套难度大的作物。在具体环节上，田间栽培类中药材生产机械化先从大力推广机械深松旋耕整地和加工技术开始，逐步向机械收获和移栽等环节过渡；林间栽培类中药材生产机械化先从中耕施肥、除草、植保环节入手，逐步向收获和加工环节过渡；茶叶生产机械化先从加工、中耕施肥、植保环节入手，逐步向修剪、运输环节过渡。

3. **加快土地宜机化改造，为机具通行、作业创造条件** 针对甘肃省东西部发展存在差异、地形地貌复杂的现状，积极探索出一批立足地方实际、行之有效的宜机化改造模式，解决机具下地难、作业难的问题。一是在河西地区利用"一户一块田"，通过"小块并大块、分散变集中、零碎变连片"，对土地进行整合分配，有效破解耕地碎片化、耕作不便、耕地边界过多等问题。二是在中部丘陵山地利用"一户一台地"，通过"小变大、弯变直、坡变平、互联互通"，引导中东部丘陵山区实现对土地的整治，为全面提高丘陵山区机械化创造先决条件。三是结合土地流转，利用"一企一基地"引进大型中药材龙头企业实施规模化产业经营，解决干旱地区撂荒和缺水问题，盘活农村土地资源，提高土地开发利用效能。

4. **加强农机农艺融合，不断探索完善机械化技术模式** 农机、农艺部门要发挥各自优势，密切合作。要增强种子集中繁育和种苗集约化生产能力，提升种子、种苗标准化生产水平。在中药材主产区定西、陇南、酒泉、白银等市（州），建设稳定的种子、种苗繁育基地。依托中药材龙头产企业、农民专业合作社、种植协会等，加强与科研单位的合作，加快新优品种新技术推广，提高种子、种苗质量。要通过开展黄芪、甘草等耕种收全程机械化技术试验示范，总结完善机械化技术模式，为同类地区提供科学、可复制和可推广的模式。

5. **积极探索农机租赁服务，提高机具利用率** 中药材种植对茬口要求较为严格，中药材种植地块要连年倒茬，这就造成中药材专用移栽机隔年使用，闲置时间较长。为了提高中药材专用机械利用率，不同区域中药材种植合作社要相互衔接，对机械进行租赁使用，有效解决区域之间无机可用和有机难用的问题，进一步提高机具利用率，减少"家家买农机，户户小而全"的机具资源浪费现象。

6. **提升茶叶生产和加工效益，带动茶叶产业快速发展** 一是通过引进、推广红、黑茶系列产品的加工机械，对产量较高的夏、秋茶叶资源充分利用，充实不同档次茶叶产品，丰富茶叶品种，提升当地茶叶生产、加工企业效益，带动茶叶产业快速发展。二是对加工设备进行更新换代，提升茶叶产品的加工工艺，带动茶叶品质的提升。例如采用新型蒸汽式、超高温式茶叶杀青、炒（烘）干机械，解决茶型不整齐、茶叶颜色发黑等加工品质问题。三是充分发挥行业技术指导部门的作用，注重基础培训，提升种植户技能，使种植户全面掌握种植技术及农业机械操作、维修技术。

7. **加强产学研推用结合，引进消化吸收与再创新结合** 开展中药材机械化生产关键薄弱环节的机具研发攻关，促进科技成果转化。整合省内现有农机资源，聚集优质人才力量，依托企业开展当归、党参、大黄、黄芪等中药材机械化生产关键薄弱环节农机装备研发攻关，力争用最短时间解决中药材机械化关键薄弱环节无机可用的问题。农机推广部门要及时组织引进试验先进适用机具，及时向企业反馈使用中存在的问题，促进机具进一步改进和完善。

附表 2-24-1　甘肃省茶叶机械化生产技术装备需求情况

附表 2-24-2　甘肃省中药材机械化生产技术装备需求情况（林间种植类）

附表 2-24-3　甘肃省中药材机械化生产技术装备需求情况（田间栽培类）

附表 2 – 24 – 1 甘肃省茶叶机械化生产技术装备需求情况

适宜机械化作业环节		现有机具数量（台、套）	估算还需要机具数量（台、套）	所需机具装备基本作业性能描述（作业效率、技术规格等）
耕整地机械		4 856	—	
田间管理机械	中耕机械	—	1 250	专用除草机（作业效率 2 亩/小时以上）
	修剪机械	425	195	单人修剪机（作业效率 0.5 亩/小时以上）
	植保机械	500	160	机动喷雾机（作业效率 2 亩/小时以上）
	合计	925	1 605	
采收机械		100	8	采茶机
运输机械		1	10	山地轨道车
茶叶加工机械		583	530	智能揉捻机、智能炒茶机、茶叶提香机、茶叶杀青机、称重包装机
合计		6 465	2 153	

附表 2-24-2 甘肃省中药材机械化生产技术装备需求情况（林间种植类）

适宜机械化作业环节		现有机具数量（台、套）	估算还需要机具数量（台、套）	所需机具装备基本作业性能描述（作业效率、技术规格等）
施肥机械		4 386	1 560	开沟施肥机（作业效率3亩/小时以上，配套动力22~29千瓦）
田间管理机械	中耕机械	120	420	除草机（背负式，作业效率4亩/小时以上）
	修剪机械	70	648	电动剪枝机（作业效率0.2亩/小时以上）、割灌机（作业效率0.5亩/小时以上）
	植保机械	1 053	310	分层式喷雾机（作业效率10亩/小时以上）、无人机（作业效率300亩/小时以上）
	合计	1 243	1 378	
收获机械		12	1 200	采摘机（使用锂电池，作业效率2亩/小时以上）
排灌机械		9	40 000	灌溉设备（配套三轮车使用）
合计		5 650	44 138	

附表 2 – 24 – 3　甘肃省中药材机械化生产技术装备
需求情况（田间栽培类）

适宜机械化 作业环节		现有机具数量 （台、套）	估算还需要机具 数量（台、套）	所需机具装备基本作业性能描述 （作业效率、技术规格等）
种植 施肥 机械	育苗机械	38	—	
	播种机械	7 133	6 760	小籽粒精密播种机（作业效率4～6亩/小时，播种量每亩1.5～3.0千克）、精密播种机（作业效率2～3亩/小时，播种量每亩1.0～3.0千克）、穴播机（作业效率2～3亩/小时，播种量每亩1.0～3.0千克）、牵引式中药材撒播机（作业效率2亩/小时以上，配套动力3～9千瓦）、撒播机（作业效率2～3亩/小时，播种量每亩1.0～3.0千克）、微垄施肥双膜穴播机（4～6亩/小时）、覆膜播种机（作业效率2～3亩/小时，播种量每亩1.0～3.0千克）、电动穴播机（作业效率2～3亩/小时，续航5～6小时）、中药材撒播机（作业效率1.5～3亩/小时）
	栽植机械	461	2 970	长槽式根茎中药材移栽机（配套动力33～103千瓦）、鸭嘴式中药材移栽机（作业效率1亩/小时以上，配套动力33～103千瓦）
	合计	7 632	9 730	
收获机械		7 278	3 315	振动链筛式中药材挖掘机（作业效率3～4亩/小时，配套动力60千瓦以上）、茎秆收获机（能同时具备收获、打捆等功能，作业效率5～6亩/小时）、叉齿式中药材挖掘机（作业效率2～4亩/小时，配套动力33千瓦以上）、中小型挖掘机（自走履带式，作业效率1.5～2亩/小时）、甘草挖晒一体机（作业效率1.5～2亩/小时）、鼠笼旋转式中药材挖掘机（作业效率3～4亩/小时，配套动力66千瓦以上）
运输机械		3 030	165	装载机（小型）
合计		17 940	13 210	

宁夏回族自治区中药材生产机械化技术装备需求调查与分析

一、产业发展现状

宁夏回族自治区地处黄河上游、河套平原以西，辖 5 个地级市、22 个县（区），总面积 6.64 万平方公里。依托得天独厚的地理和气候条件，宁夏近几年在大力发展粮食生产和草畜、养殖、瓜菜、林果、水产等特色优势产业的同时，注重抓好中药材产业的发展。为此，自治区党委和政府在遵循"一特三高"现代农业发展方向的基础上，按照"巩固、提升、增强、畅通"八字方针，聚焦"1+4"特色优势产业，把以枸杞、甘草等为主的中药材产业的发展提到了新的高度，逐步形成了扬黄灌区以发展枸杞等产业为重点，中部干旱带以发展枸杞、甘草、麻黄草等为重点，南部山区以发展板蓝根、党参、当归、红花等为重点的中药材产业发展区域布局，并且不断调整优化，不断完善区域产品结构，推进优质化、特色化和品牌化发展。2016 年，自治区政府出台了《宁夏回族自治区农业特色优势产业发展布局"十三五"规划》，再次突出了以枸杞、甘草等为代表的中药材产业的地位和发展布局，在财政政策上给予扶持和倾斜。

二、产业规模及机械化发展现状

截至 2019 年，宁夏中药材产业有了长足的发展，其中甘草种植面积 7 万亩，广泛分布在盐池、同心等中部干旱带，因其药用价值高、经济效益好且耐干旱、可防沙治沙，已成为宁夏由野生逐步变为规模种植的中药材品种之一；枸杞种植面积 24.6 万亩，主要分布在引黄灌区和中部干旱带，因其种植历史悠久、品质好，为宁夏中药材知名品牌；其他中药材种植面积为 8.6 万亩，主要分布在中部干旱带和南部山区，受益于宁夏独特的地理环境和气候条件，这类中药材品质上乘，种植效益突出，已经形成由政府引导种植逐渐变为农民自发种植的趋势。全区各种中药材种植户总数达 611 户，规模种植户达 92 家以上。中药材总产量达到 28 万吨，总产值 6.2 亿元。从业人员近 1.4 万人。

在机械化生产方面，因机械化耕整地普遍采用传统机械化耕整地方式，机械化水平相对较高，其他环节总体机械化水平普遍较低。

1. **林间种植类（枸杞等）**　全区有开沟施肥机械 58 台（套）、水肥一体化设备 3 套，因专用机械设备有限，大部分林间种植类中药材的开沟施肥都是由农机作业服务公司以犁进行，机械化水平 43.18%，当前用户的需要，农机作业服务公司基本都能够满足；有中耕除草机械 560 台（套）（包括旋耕机械），中耕除草机械化水平 73.93%；植保机械 517 台（套）（包括无人机），机械化水平 70.06%；无收获机械。

2. **田间栽培类（板蓝根等）**　育苗机械化水平 4.25%；有精密播种机械 314 台（不包括传统播种机），机械化水平 42.82%；移栽机械 15 台，机械化水平 45.72%；收获机械 650 台（以挖掘机为主），机械化水平 25.32%；无农业搬运机械，主要通过平板车、三轮车转运。农民使用的中药材生产机械多以自制为主，或在传统机械的基础上改造而成，收获环节农民所用机械多以手持式中药采收机为主。宁夏地区没有专门从事中药材生产的机械制造企业，部分中药材生产机械通过用户自制、改造传统机械来解决。

三、下一步机械化发展方向和工作措施

（一）主要存在的问题

1. **部分生产环节机械化质量不高**　受限于种植效益和种植模式等因素，宁夏回族自治区中药材生产中的机械化应用水平不高，问题较为突出。从调查结果来看，耕整地、播种、中耕除草、植保等环节机械化应用水平相对较高，其他环节应用水平较低。但机械化播种、中耕除草多以替代机械为主，作业效果差，有待进一步优化解决；植保机械化应用水平虽然高，但施药不到位、浪费严重、缺乏全方位施药机械。

2. **部分生产环节机械化水平低**　移栽、水肥一体化作业、行株间除草、修剪、收获、采摘、田园转运及中药材机械专用化等环节存在诸多问题，适用机械少，或无机可用、或有机难用，缺乏性能可靠、地区适应性强的机械，使得机具机械化使用普及率低，仍以人工作业和传统机械替代作业为主，劳动强度大，生产效率低。

3. **机械化不平衡**　先进、高端、精细、专用的机械化装备运用水平不高，部分使用引进机械的地区适应性问题突出，无法满足中药材种植模式要求，中药材生产机械化整体水平仍然很低，机械化装备不平衡现象明显。

4. **企业关注度低**　现有农机制造企业对中药材生产机械关注度不够，研发制造积极性不高。

（二）下一步机械化发展方向和工作措施

1. **重点开发**　以中药材机械化移栽、水肥一体化作业、行株间除草、修剪、收获、采摘平台、田园转运及中药材机械专用化等环节为重点，采取引进与研发相结合的方式，广泛开展对比试验，通过技术改进，提高现有机械的地区适应能力，为大面积推广做好铺垫。

2. **加强研发**　加强与科研院所和推广机构的合作，发挥各自优势，共同开展新技术、新机械引进和研发工作，保证技术的可行性和新机械的研发效果。

3. **加强推广**　提高新机械的购机补贴力度，加快成熟技术和机械的普及率。特别是对一些技术含量高、应用潜力大的机械设备如防风植保机械、气振式采收设备、防风静电喷雾机等，在提高补贴力度的同时，做好多点示范，争取早日普及。

4. **增加品类**　通过政策倾斜、项目倾斜、社会广泛参与的方式，鼓励农机制造企业积极开展新机械研发工作，让用户有更多的中药材适用机械可选择。

附表2-25-1　宁夏回族自治区中药材机械化生产技术装备需求情况（林间种植类）

附表2-25-2　宁夏回族自治区中药材机械化生产技术装备需求情况（田间栽培类）

附表 2 - 25 - 1 宁夏回族自治区中药材机械化生产技术装备需求情况（林间种植类）

适宜机械化作业环节		现有机具数量（台、套）	估算还需要机具数量（台、套）	所需机具装备基本作业性能描述（作业效率、技术规格等）
耕整地机械		460	—	
施肥机械		58	345	施肥机（工作幅宽 1 米，作业效率 3～8 亩/小时）
田间管理机械	中耕机械	560	2 040	微耕除草机（作业效率 10 亩/小时以上，工作幅度 1 米）、深松浅旋一体机、行株间除草机
	修剪机械	—	1 000	枸杞电动剪枝机（作业效率 3 亩/小时以上）
	植保机械	517	160	喷雾机（作业效率 10 亩/小时以上）、高效植保机（作业效率 5 亩/小时以上）
	合计	1 077	3 200	
收获机械		—	100	采摘机（作业效率 1 亩/小时以上）
排灌机械		3	120	水肥一体化设备（作业效率 3～8 亩/小时）
运输机械		—	522	搬运机、田间搬运机、装载机
合计		1 598	4 287	

附表 2 – 25 – 2 宁夏回族自治区中药材机械化生产技术装备需求情况（田间栽培类）

适宜机械化作业环节		现有机具数量（台、套）	估算还需要机具数量（台、套）	所需机具装备基本作业性能描述（作业效率、技术规格等）
耕整地机械		260	—	
种植施肥机械	育苗机械	10	5	精量穴播流水线
	播种机械	332	237	精量播种机（部分要求工作幅宽 1.2 米，作业效率 10 亩/小时以上）、红花播种机（作业效率 5～8 亩/小时）、板蓝根专用播种机
	栽植机械	15	403	移栽机（工作幅宽 1.5 米，作业效率 0.5～6 亩/小时）
	合计	357	645	
修剪机械		260	—	
收获机械		200	419	收割机（要求留茬低，作业效率 1～5 亩/小时）、挖根机（作业效率 3 亩/小时以上，采挖深度 50 厘米以上）、打捆机（小方捆）、挖掘分拣机
运输机械		165	129	田间转运机、收获装载平台
合计		1 242	1 193	

图书在版编目（CIP）数据

茶叶、中药材、热带作物生产机械化技术装备需求调查与分析 / 农业农村部农业机械化总站组编 . —北京：中国农业出版社，2021.11
　　ISBN 978 - 7 - 109 - 28939 - 0

　　Ⅰ.①茶… Ⅱ.①农… Ⅲ.①农业机械化－需求 Ⅳ.①S23

中国版本图书馆 CIP 数据核字（2021）第 253278 号

中国农业出版社出版

地址：北京市朝阳区麦子店街 18 号楼
邮编：100125
责任编辑：吕　睿
版式设计：王　晨　责任校对：吴丽婷
印刷：北京中兴印刷有限公司
版次：2021 年 11 月第 1 版
印次：2021 年 11 月北京第 1 次印刷
发行：新华书店北京发行所
开本：700mm×1000mm　1/16
印张：16
字数：200 千字
定价：48.00 元